高校生の基礎数学トレ

1	数の計算	2	12	図形の面積・体積	46
2	比率と割合・比例と反比例	6	13	三角比	50
3	文字式・整式の計算	10	14	集合と要素・命題と証明	54
4	乗法公式による展開と因数分解	14	15	場合の数と確率	58
5	無理数の計算	18	16	表の読み取り・資料の整理	62
6	1次方程式	22	17	さまざまな問題①	
7	2次方程式	26		（距離，速さ，時間の関係・濃度算）	66
8	不等式	30	18	さまざまな問題②	
9	1次関数とグラフ	34		（不等式と領域・数列・対数）	70
10	2次関数とグラフ	38	★	達成度確認テスト1	74
11	図形と角・合同な図形・		★	達成度確認テスト2	77
	平行線と線分の比	42			

■本書の使い方

数学Ⅰ，数学Aの範囲を中心に就職試験でよく問われる内容をまとめました。まとめと例題を確認したあと，確認問題→練習問題の順に取り組みましょう。

■本書の構成

- **まとめと例題** 単元のポイントをまとめ，例題を掲載しました。
- **確認問題** 学習事項を整理・確認するための問題です。例題や ヒント を参考に解いて下さい。空らんを埋めながら解法を確認しましょう。
- **練習問題** 単元で学習した内容を定着させるための問題です。計算式を書き込むための余白を設けました。
- **●●●チャレンジ問題●●●** SPIで出題される単元に設けました。SPIの形式の問題にチャレンジしてみましょう。

1 数の計算

1　四則やかっこの混じった式の計算

計算の優先順位に注意して計算する。

> 累乗→かっこ→乗法・除法(かけ算・わり算)→加法・減法(たし算・ひき算)の順番
> かっこは( )→{ }→[ ]の順番

例題 ①

次の計算をしなさい。

$2^3 \times \{(-4)^2 \div 2 + 4\}$
$= 8 \times (16 \div 2 + 4)$ ← 累乗を先に計算する
$= 8 \times (8 + 4)$ ← ( )の中を計算する
$= 8 \times 12$
$= 96$ 答

累乗

ある数を2回かけたものを、その数の2乗というよ。
2乗, 3乗…と同じ数をかけることをその数の累乗というよ。

例題 ②

次のア, イにあてはまる数を求めなさい。

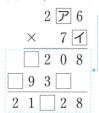

解

虫くい算

虫くい算は、繰り上がりや繰り下がりに注意してわかる箇所から考えていこう。

$6 \times$ イ $= \square 8$ となることからイは3か8。3の場合 $\square 20$ に合わないので, イは8
$6 \times 8 = 48$ で十の位に4が繰り上がるが, 十の位が0であるから, アは2か7となり百の位が2になるのは, **7** 答

2　小数・分数の計算

小数	たし算とひき算は、小数点の位置をそろえて、筆算で計算する。
分数	たし算とひき算は通分してから、かけ算とわり算は約分しながら計算する。

例題 ③　　　小数の計算

次の計算をしなさい。

$4.18 - 2.733 = \mathbf{1.447}$ 答

```
   3  7
  4.1 8 0   ← 1くり下がる
            ← 小数点以下の桁数が異なる場合,
-  2.7 3 3       0を補う
  ─────
  1.4 4 7
```

小数点はそろえた位置からそのまま下におろす

例題 ④　　　分数の計算

次の計算をしなさい。

$\dfrac{5}{3} + \dfrac{11}{4}$

$= 1\dfrac{2}{3} + 2\dfrac{3}{4}$ ← 帯分数にする

$= (1 + 2) + \left(\dfrac{2}{3} + \dfrac{3}{4}\right)$ ← 整数部分と分数部分に分けて計算する

$= 3 + \left(\dfrac{8}{12} + \dfrac{9}{12}\right)$ ← 通分して分子どうしを計算する

$= 3 + \dfrac{17}{12} = 3 + 1\dfrac{5}{12} = 4\dfrac{5}{12}$ 答

●確認問題●

1 次の計算をしなさい。

(1) $48 \div 6 + 7 \times (-1)$
 $= \overset{ア}{\boxed{}} + (-7)$
 $= \overset{イ}{\boxed{}}$

(2) $3 \times (11 - 4) - 6$
 $= 3 \times \overset{ア}{\boxed{}} - 6$
 $= \overset{イ}{\boxed{}} - 6$
 $= \overset{ウ}{\boxed{}}$

(3) $-12 \div (3 + 12 \div 2^2)$
 $= -12 \div (3 + 12 \div \overset{ア}{\boxed{}})$
 $= -12 \div (3 + \overset{イ}{\boxed{}})$
 $= -12 \div \overset{ウ}{\boxed{}}$
 $= \overset{エ}{\boxed{}}$

(4) $\{10 \div (2^3 - 3) + (-4)^2\} \times 7$
 $= \{10 \div (\overset{ア}{\boxed{}} - 3) + \overset{イ}{\boxed{}}\} \times 7$
 $= (10 \div 5 + \overset{ウ}{\boxed{}}) \times 7$
 $= (2 + \overset{エ}{\boxed{}}) \times 7$
 $= 18 \times 7$
 $= \overset{オ}{\boxed{}}$

2 次のあ，いにあてはまる数を求めなさい。

$$
\begin{array}{r}
4\ 3 \\
\times\ \boxed{a}\,\boxed{b} \\
\hline
\boxed{c}\,\boxed{d}\,1 \\
\boxed{あ}\,6 \\
\hline
\boxed{e}\,\boxed{f}\,\boxed{い}\,1
\end{array}
$$

$3 \times \boxed{b} = \boxed{}1$ なので，
$\boxed{b}$ には $\overset{ア}{\boxed{}}$ が入る。

よって，$\boxed{d}$ には $\overset{イ}{\boxed{}}$，

$\boxed{c}$ には $\overset{ウ}{\boxed{}}$ が入る。

$3 \times \boxed{a} = \boxed{}6$ なので，

$\boxed{a}$ には $\overset{エ}{\boxed{}}$ が入る。

したがって，

$\boxed{あ}$ には $\overset{オ}{\boxed{}}$，

$\boxed{い}$ には $\overset{カ}{\boxed{}}$ が入る。

3 次の計算をしなさい。

$\dfrac{5}{16} \div \dfrac{3}{8}$

$= \dfrac{5}{16} \times \overset{ア}{\boxed{}}$

ヒント わり算は分母と分子を逆にしてかける

$= \dfrac{5 \times \overset{イ}{\boxed{}}}{16 \times \overset{ウ}{\boxed{}}}$

$= \overset{エ}{\boxed{}}$

復習 1 数の計算

● 練習問題1 ●

制限時間 **15**分　　正答数　問／6問

1 次の計算をしなさい。

(1) $8 \times (-2) + 54 \div 3$

(2) $7 \times (8 - 6^2 \div 9)$

2 次のア，イにあてはまる数を求めなさい。

(1)
```
    3 7 ア 4
  －  9 3 2 □
    2 イ 1 8 8
```

(2)
```
        2 ア 6
    ×     3 □
          6 4
        □□ 8
      □ イ □□
```

3 次の計算をしなさい。

(1) $5.38 - 3.592$

(2) $\dfrac{11}{4} - \dfrac{8}{5}$

●●●チャレンジ問題●●●　── SPI 四則計算 ──

次の計算をせよ。

$(-4)^2 - 3 \times (1 - 8)$

A　33　　B　35　　C　37　　D　38
E　40　　F　42　　G　45　　H　A〜Gのいずれでもない

●練習問題2●

制限時間 **15**分　正答数　問／6問

1 次の計算をしなさい。

(1) $56 \div 8 + 2 \times (-3)$

(2) $\{(-5)^2 - 10 \div (4^2 - 6)\} \div 8$

2 次のア，イにあてはまる数を求めなさい。

(1)
```
      3 ア 8
  ×     5 □
    ───────
      □□ 4
    □□ 4 0
    ─────────
    □イ 3 8 □
```

(2)
```
              5 ア
   イ 8 ) 2 7 3 6
          □ □ □
          ─────
          □ □ □
          □ □ □
          ─────
                0
```

3 次の計算をしなさい。

(1) 3.5×0.74

(2) $\dfrac{10}{7} + 2\dfrac{2}{3}$

●●●**チャレンジ問題**●●● ── SPI 小数の計算 ──

次の計算をせよ。
$2.75 + 1.194$

A　3.119　　B　3.159　　C　3.644　　D　3.944
E　4.764　　F　4.779　　G　4.916　　H　A〜Gのいずれでもない

復習 1 数の計算

2 比率と割合・比例と反比例

1 比の表し方・計算

2つの数 a, b に対し, a の b に対する割合を $a:b$ で表す。また, $\dfrac{a}{b}$ を比の値という。

3つの数 a, b, c に対し, 比をまとめて表したものを連比といい, $a:b:c$ で表す。

計算	$a:b=c:d \rightarrow ad=bc$ …外側の項の積 = 内側の項の積
	$a:b=ka:kb$, $a:b=\dfrac{a}{k}:\dfrac{b}{k}$ ($k \neq 0$)…同じ数をかけても，同じ数でわっても比は変わらない。

例題 ① ──────────── 比

ある高校の全校生徒は 600 人で，男子と女子の人数の比が $3:2$ のとき，男子の人数は何人か。

解 （男子の人数）：（全校生徒の人数）$= 3:(3+2) = 3:5$ なので，男子の人数を x 人とすると，

$3:5 = x:600$

$5x = 1800$ ← 外側の項の積 = 内側の項の積

$x = 360$（人） **答**

$3+2=5$ のうち，男子の人数が3だから，
$600 \times \dfrac{3}{5} = 360$（人）と考えてもよい。

2 割合

基準とする量に対して，比較する量がその何倍にあたるかを表す。

（割合）＝（比較する量）÷（基準とする量）
（比較する量）＝（基準とする量）×（割合）
（基準とする量）＝（比較する量）÷（割合）

分数	小数	%	歩合
1	1	100 %	10 割
$\dfrac{1}{10}$	0.1	10 %	1 割
$\dfrac{1}{100}$	0.01	1 %	1 分
$\dfrac{1}{1000}$	0.001	0.1 %	1 厘

例題 ② ──────────── 割合

ある本を昨日から読み始めた。昨日は全体のページ数の $\dfrac{1}{3}$ を読んだ。
今日は残りのページ数の $\dfrac{2}{5}$ を読んだ。残っているページ数は，全体のどれだけにあたるか。

解 全体のページ数を1とする。

昨日，$\dfrac{1}{3}$ を読んだから，昨日残ったページ数は，$1 - \dfrac{1}{3} = \dfrac{2}{3}$

今日読んだページ数は，この $\dfrac{2}{3}$ のうちの $\dfrac{2}{5}$ だから，$\dfrac{2}{3} \times \dfrac{2}{5} = \dfrac{4}{15}$

残っているページ数は，$1 - \dfrac{1}{3} - \dfrac{4}{15} = \dfrac{6}{15} = \dfrac{2}{5}$ **答**

昨日の残りが $\dfrac{2}{3}$,
今日の残りがそのうちの $\dfrac{3}{5}$ だから，
$\dfrac{2}{3} \times \dfrac{3}{5} = \dfrac{2}{5}$
と考えてもよい。

3 比例と反比例

a を比例定数とすると… y が x に比例 → $y = ax$, y が x に反比例 → $y = \dfrac{a}{x}$

例題 ③ ──────────── 比例と反比例

y は x に比例し，$x=4$ のとき $y=-12$ である。x, y の関係を式で表しなさい。

解 $-12 = a \times 4$ だから $a = -3$　　よって，$y = -3x$ **答**

● 確認問題 ●

1　りんごジュースとみかんジュースの量の比は7：8で，りんごジュースの量は210 mLである。みかんジュースの量は何 mLか。

(りんごジュースの量)：(みかんジュースの量) = 7：8　なので，
求めるみかんジュースの量を x mL とすると，

$7:8 = $ ア _____ $: x$

$7x = $ イ _____

$x = $ ウ _____ (mL)

2　ある高校の今年度の生徒数は，昨年度より5％減少し760人だった。このとき，昨年度の生徒数を求めなさい。

昨年度の生徒数を1とする。

今年度の生徒数の昨年度の生徒数に対する割合は，$1 - $ ア _____ $= $ イ _____

(基準とする量) = (比較する量) ÷ (割合) より，

昨年度の生徒数は，$760 ÷ $ ウ _____ $= $ エ _____ (人)

3　ある商品に，仕入れ値に対して1割5分の利益を見込んで3220円の定価をつけた。仕入れ値はいくらであったか。

仕入れ値を1とする。

定価の仕入れ値に対する割合は，$1 + $ ア _____ $= $ イ _____

(基準とする量) = (比較する量) ÷ (割合) より，

仕入れ値は，$3220 ÷ $ ウ _____ $= $ エ _____ (円)

4　次の x, y の関係を式で表しなさい。

(1) y は x に比例し，$x = 6$ のとき $y = -12$ である。

ア _____ $= a \times$ イ _____ だから

$a = $ ウ _____

よって，$y = $ エ _____ x

(2) y は x に反比例し，$x = 2$ のとき $y = -4$ である。

ア _____ $= \dfrac{a}{\text{イ} _____}$ だから

$a = $ ウ _____

よって，$y = \dfrac{\text{エ} _____}{x}$

● 練習問題1 ●

制限時間 **15分**　正答数　問／4問

1　太郎さんは弟と2人で，金額の比が5：3になるようにお金を出し合って，お母さんに2000円の誕生日プレゼントを買った。このとき，弟が出した金額はいくらか。

2　ある店のTシャツの在庫を調べたら，S，M，Lサイズがあった。Sは全体の25％，Mは全体の50％，残りの12枚がLであった。Tシャツは全部で何枚あるか求めよ。

3　次の x，y の関係を式で表しなさい。

(1) y は x に比例し，$x=2$ のとき $y=-8$ である。

(2) y は x に反比例し，$x=3$ のとき $y=-4$ である。

●●●チャレンジ問題●●●　── SPI 割合 ──

ペットボトルにお茶が満たされている。昨日は全体の $\dfrac{1}{3}$ を飲んだ。今日は残っているお茶の $\dfrac{1}{4}$ を飲んだ。ペットボトルに残っているお茶は，全体のどれだけにあたるか。

ヒント はじめのお茶の量を1としてみよう！

A　$\dfrac{1}{6}$　　B　$\dfrac{1}{4}$　　C　$\dfrac{1}{3}$　　D　$\dfrac{1}{2}$

E　$\dfrac{2}{3}$　　F　$\dfrac{3}{4}$　　G　$\dfrac{5}{6}$　　H　A〜Gのいずれでもない

●練習問題2●

1 A市とB市の面積の比は，8：5で，B市とC市の面積の比は，7：4である。C市の面積が200 km² のとき，A市とB市の面積の和を求めよ。

2 原価700円の商品に，20％増しの定価をつけたところ，売れ行きが悪いので，定価の5％引きで売ることにした。このとき，原価の何％増しで売ることになるか。

3 次の x，y の関係を式で表しなさい。

(1) y は x に比例し，$x = -3$ のとき $y = 9$ である。

(2) y は x に反比例し，$x = -2$ のとき $y = 5$ である。

●●●チャレンジ問題●●● ── SPI 比 ──

コーヒーとミルクの量の比が 7：5 になるように混ぜて，カフェオレを作る。カフェオレを **240 mL** 作るとき，コーヒーは何 mL 必要か。

A　110 mL　　B　120 mL　　C　140 mL　　D　150 mL
E　180 mL　　F　190 mL　　G　210 mL　　H　A～Gのいずれでもない

3 文字式・整式の計算

1 文字式の表し方
文字式とは，文字を使って表される式のことをいう。文字式には次のきまりがある。

①文字式の乗法(かけ算)では，記号 × をはぶいてかく。　← $x \times y = xy$
②文字と数との積では，数を文字の前にかく。　← $x \times 3 = 3x$
③同じ文字の積は，指数を使って表す。　← $x \times x = x^2$
④除法(わり算)では，記号 ÷ を使わずに，分数の形でかく。　← $x \div y = \dfrac{x}{y}$

例題 ①　　　　　　　　　　　　　　　　　　　　　　　文字式のきまり

次の式を文字式のきまりにしたがって表しなさい。

(1) $b \times 5 \times a \times a$
　$= 5a^2b$ 答　← 文字の積は，ふつうアルファベット順にかく

(2) $(-1) \times x \times x$
　$= -x^2$ 答　← -1 の 1 は省略する

(3) $a \times a \times a + b \div c$
　$= a^3 + \dfrac{b}{c}$ 答

例題 ②　　　　　　　　　　　　　　　　　　　　　　　同類項の整理

$A = x^2 + 3x - 4$，$B = 2x^2 - 3x + 5$ のとき，$A - 2B$ を計算しなさい。

解　$A - 2B = (x^2 + 3x - 4) - 2(2x^2 - 3x + 5)$
　　　　　　$= x^2 + 3x - 4 - 4x^2 + 6x - 10$　← かっこをはずす
　　　　　　$= (x^2 - 4x^2) + (3x + 6x) + (-4 - 10)$　← 同類項をまとめる
　　　　　　$= -3x^2 + 9x - 14$ 答

文字の部分が同じ項を同類項というよ。

2 指数法則

m, n を正の整数とするとき

① $a^m \times a^n = a^{m+n}$　② $(a^m)^n = a^{m \times n}$　③ $(ab)^n = a^n b^n$　④ $\left(\dfrac{a}{b}\right)^n = \dfrac{a^n}{b^n}$

例題 ③　　　　　　　　　　　　　　　　　　　　　　　指数法則

次の計算をしなさい。

(1) $x^5 \times x^6$
　$= x^{5+6}$　← 指数法則①を利用！
　$= x^{11}$ 答

(2) $(x^3)^2$
　$= x^{3 \times 2}$　← 指数法則②を利用！
　$= x^6$ 答

(3) $(xy)^3$
　$= x^3 y^3$ 答　← 指数法則③を利用！

(4) $\left(\dfrac{x}{y}\right)^4$
　$= \dfrac{x^4}{y^4}$ 答　← 指数法則④を利用！

● 確認問題 ●

正答数　　問／9問

1 次の式を，文字式のきまりにしたがって表しなさい。

(1) $a \times b \times 3 \times b$

$= \boxed{\quad ア \quad} ab^{\boxed{イ}}$

(2) $x \times y \times x \times (-1)$

$= \boxed{\quad ア \quad} x^{\boxed{イ}} y$

(3) $y \div x \times 5$

$= \dfrac{\boxed{\quad ア \quad}}{}$

(4) $(3 \times x + y) \div 2$

$= \dfrac{\boxed{\quad ア \quad} + y}{\boxed{イ}}$

2 $A = 3x^2 - x + 4$, $B = x^2 + 5x - 2$ のとき，$2A + B$ の計算をしなさい。

$2A + B$
$= 2(3x^2 - x + 4) + (x^2 + 5x - 2)$
$= \boxed{\quad ア \quad} x^2 - \boxed{\quad イ \quad} x + \boxed{\quad ウ \quad} + x^2 + 5x - 2$
$= (6x^2 + x^2) + (-2x + 5x) + (8 - 2)$
$= \boxed{\quad エ \quad} x^2 + \boxed{\quad オ \quad} x + \boxed{\quad カ \quad}$

3 次の計算をしなさい。

(1) $3x^2 \times 4x^3$
$= (3 \times 4) \times (x^2 \times x^3)$
$= \boxed{\quad ア \quad} \times x^{\boxed{イ}+\boxed{ウ}}$
$= \boxed{\quad エ \quad}$

(2) $a^2 b^3 \times 3a^3 b$
$= 3 \times (a^2 \times a^3) \times (b^3 \times b)$
$= 3 \times a^{\boxed{ア}+\boxed{イ}} \times b^{\boxed{ウ}+\boxed{エ}}$
$= \boxed{\quad オ \quad}$

(3) $(-2xy^2)^3$
$= (-2)^3 \times x^3 \times (y^2)^3$
$= \boxed{\quad ア \quad} \times x^3 \times y^{\boxed{イ} \times \boxed{ウ}}$
$= \boxed{\quad エ \quad}$

(4) $\left(\dfrac{-2a}{b^2}\right)^3$
$= \dfrac{(-2)^3 \times a^3}{(b^2)^3}$
$= \dfrac{\boxed{\quad ア \quad} \times a^3}{b^{\boxed{イ} \times \boxed{ウ}}}$
$= \dfrac{\boxed{\quad エ \quad}}{}$

練習問題1

1 次の式を，文字式のきまりにしたがって表しなさい。

(1) $x \times y \times 5 \times x$

(2) $y \div x \times 3 \times y$

2 $A = 4x^2 + x - 3$, $B = 3x^2 - 2x + 1$ のとき，$2A - 3B$ の計算をしなさい。

3 次の計算をしなさい。

(1) $2a^2 \times (-5a^3)$

(2) $xy^4 \times 2x^3y^2$

(3) $(-3a^2b^3)^3$

(4) $\left(\dfrac{a^2}{2b}\right)^3$

練習問題2

1 次の式を，文字式のきまりにしたがって表しなさい。

(1) $x \times x \times (-1) \times y \times y \times y$

(2) $a \div b \times (-3) \times c$

2 $A = -x^2 + 3x + 2$, $B = 2x^2 + 5x - 3$ のとき，$2A + B$ の計算をしなさい。

3 次の計算をしなさい。

(1) $3ab^2 \times (-2ab)$

(2) $(4x^3y^2)^2$

(3) $(3x^2y)^2 \times (-5xy^2)$

(4) $\left(\dfrac{-3a}{b^2c}\right)^3$

4 乗法公式による展開と因数分解

1 乗法公式による展開

① $(a+b)(a-b) = a^2 - b^2$
② $(a \pm b)^2 = a^2 \pm 2ab + b^2$
③ $(x+a)(x+b) = x^2 + (a+b)x + ab$
④ $(ax+b)(cx+d) = acx^2 + (ad+bc)x + bd$
⑤ $(a \pm b)^3 = a^3 \pm 3a^2b + 3ab^2 \pm b^3$

例題 ① 乗法公式

次の式を展開しなさい。

(1) $(2x+5)(2x-5)$ 乗法公式①を利用！
$= (2x)^2 - 5^2$
$= 4x^2 - 25$ 答

(2) $(3x-1)^2$ 乗法公式②を利用！
$= (3x)^2 - 2 \times (3x) \times 1 + 1^2$
$= 9x^2 - 6x + 1$ 答

(3) $(x+3)(x-5)$ 乗法公式③を利用！
$= x^2 + \{3+(-5)\}x + 3 \times (-5)$
$= x^2 - 2x - 15$ 答

(4) $(2x+1)(3x+5)$ 乗法公式④を利用！
$= (2 \times 3)x^2 + (2 \times 5 + 1 \times 3)x + 1 \times 5$
$= 6x^2 + 13x + 5$ 答

(5) $(2x-1)^3$ 乗法公式⑤を利用！
$= (2x)^3 - 3 \times (2x)^2 \times 1 + 3 \times (2x) \times 1^2 - 1^3$
$= 2^3 \times x^3 - 3 \times 2^2 \times x^2 \times 1 + 3 \times 2 \times x \times 1^2 - 1^3$
$= 8x^3 - 12x^2 + 6x - 1$ 答

2 因数分解の手順

①共通因数を取り出す。②乗法公式を利用する。

$$x^2 + 3x + 2 \underset{\text{展開}}{\overset{\text{因数分解}}{\rightleftarrows}} (x+1)(x+2)$$

例題 ② 因数分解

次の式を因数分解しなさい。

(1) $8xy^2 - 6x^2y$
$= 2xy \times 4y - 2xy \times 3x$ ← 共通因数である $2xy$ を取り出す
$= 2xy(4y - 3x)$ 答

(2) $x^2 - 7x + 6$ 乗法公式③を利用！
$= x^2 + \{(-1)+(-6)\}x + (-1) \times (-6)$
$= (x-1)(x-6)$ 答 積が6から候補をみつける

(3) $2x^2 + 5x + 3$

解 乗法公式④にあてはめると，
$ac = 2$ だから $a=1, c=2$ とする
$bd = 3$ だから $1 \times 3, 3 \times 1, (-1) \times (-3), (-3) \times (-1)$
そのうち，$ad + bc = 5$ となるのは，
$\begin{array}{c} 1 \searrow\!\!\!\!\nearrow 1 \longrightarrow 2 \\ 2 \nearrow\!\!\!\!\searrow 3 \longrightarrow \underline{3}\ (+ \\ 5 \end{array}$ から

$ad + bc$ の値は「たすきがけ」で考えよう。
$\begin{array}{c} a \searrow\!\!\!\!\nearrow b \longrightarrow bc \\ c \nearrow\!\!\!\!\searrow d \longrightarrow \underline{ad}\ (+ \\ ad+bc \end{array}$

$a=1, b=1, c=2, d=3$
よって $2x^2 + 5x + 3 = (x+1)(2x+3)$ 答

● 確認問題 ●

正答数　問／8問

1 次の式を展開しなさい。

(1) $(x+5)(x-5)$
= ア☐^{2} － イ☐^{2}
= ウ☐

(2) $(x+4)^2$
= $x^2 + 2 \times x \times$ ア☐ + イ☐^{2}
= ウ☐

(3) $(x-2)(x+6)$
= $x^2 + \{(-2) +$ ア☐$\}x + (-2) \times$ イ☐
= ウ☐

(4) $(x+2)(2x-3)$
= $(1 \times 2)x^2 + \{1 \times ($ア☐$) + 2 \times$ イ☐$\}x + 2 \times ($ウ☐$)$
= エ☐

(5) $(x+2)^3$
= $x^3 + 3 \times x^2 \times$ ア☐ + $3 \times x \times$ イ☐^{2} + ウ☐^{3}
= エ☐

2 次の式を因数分解しなさい。

(1) $2x^2y - 4xy$
= ア☐ $\times x -$ イ☐ $\times 2$
= ウ☐$(x-2)$

(2) $9x^2 - 16$
= (ア☐)$^2 - 4^2$
= (イ☐ $+ 4)($ウ☐ $- 4)$

(3) $5x^2 - 7x + 2$

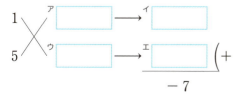

よって　$5x^2 - 7x + 2 = (x -$ オ☐$)(5x -$ カ☐$)$

● 練習問題1 ●

1 次の式を展開しなさい。

(1) $(3x+2)(3x-2)$

(2) $(2x-3)^2$

(3) $(x-5)(x-4)$

(4) $(3x-2)(2x+5)$

(5) $(x-3)^3$

2 次の式を因数分解しなさい。

(1) $12a^2b^2 - 6ab^2$

(2) $4x^2 - 25$

(3) $x^2 + 16x + 64$

(4) $5x^2 - 9x - 2$

練習問題2

1 次の式を展開しなさい。

(1) $(4x-3)^2$

(2) $(x-9)(x+7)$

(3) $(5x-1)(3x+2)$

(4) $(3x+1)^3$

(5) $(x+y+2)(x+y-3)$ ヒント $x+y=A$ とおいて乗法公式を利用する

2 次の式を因数分解しなさい。

(1) $5x^2y+20xy^2$

(2) $16x^2-9$

(3) $x^2-10x+25$

(4) $(x-y)^2+(x-y)-6$
ヒント $x-y=A$ とおいて乗法公式を利用する

5 無理数の計算

1 平方根の計算

2乗して a になる数を a の平方根という。

$a > 0,\ b > 0$ のとき
① $(\sqrt{a})^2 = a,\ \sqrt{a^2} = a$
② $\sqrt{a \times b} = \sqrt{a} \times \sqrt{b}$
③ $\sqrt{\dfrac{b}{a}} = \dfrac{\sqrt{b}}{\sqrt{a}}$

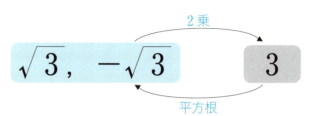

例題 ① ——— 平方根の計算

次の計算をしなさい。

(1) $\sqrt{6} \times \sqrt{3}$
$= \sqrt{3 \times 2} \times \sqrt{3}$
$= \sqrt{3} \times \sqrt{3} \times \sqrt{2}$ ⇐平方根の法則②を利用
$= \sqrt{9} \times \sqrt{2}$
$= 3\sqrt{2}$ 答 ⇐平方根の法則①を利用

(2) $\sqrt{\dfrac{5}{9}}$
$= \dfrac{\sqrt{5}}{\sqrt{9}}$ ⇐平方根の法則③を利用
$= \dfrac{\sqrt{5}}{3}$ 答 ⇐平方根の法則①を利用

(3) $\sqrt{48} + \sqrt{5} + \sqrt{12} - \sqrt{45}$
$= \sqrt{16 \times 3} + \sqrt{5} + \sqrt{4 \times 3} - \sqrt{9 \times 5}$
$= 4\sqrt{3} + \sqrt{5} + 2\sqrt{3} - 3\sqrt{5}$ ⇐平方根の法則①を利用
$= (4 + 2)\sqrt{3} + (1 - 3)\sqrt{5}$
$= 6\sqrt{3} - 2\sqrt{5}$ 答 ⇐これ以上はまとめられない

2 分母の有理化

分母と分子に同じ数をかけて，分母に $\sqrt{}$ を含まない形に変形することを分母の有理化という。

分母と分子に同じ数をかけても値は変わらないよ。

例題 ② ——— 分母の有理化

次の数の分母を有理化しなさい。

(1) $\dfrac{15}{\sqrt{5}}$
$= \dfrac{15 \times \sqrt{5}}{\sqrt{5} \times \sqrt{5}}$
$= \dfrac{15\sqrt{5}}{5}$
$= 3\sqrt{5}$ 答

(2) $\dfrac{2}{\sqrt{5} - \sqrt{3}}$
$= \dfrac{2 \times (\sqrt{5} + \sqrt{3})}{(\sqrt{5} - \sqrt{3})(\sqrt{5} + \sqrt{3})}$
$= \dfrac{2(\sqrt{5} + \sqrt{3})}{(\sqrt{5})^2 - (\sqrt{3})^2} = \dfrac{2(\sqrt{5} + \sqrt{3})}{5 - 3}$
$= \dfrac{2(\sqrt{5} + \sqrt{3})}{2} = \sqrt{5} + \sqrt{3}$ 答

●確認問題●

1 次の計算をしなさい。

(1) $\sqrt{6} \times \sqrt{2}$
$= \sqrt{3 \times 2} \times \sqrt{2}$
$= \sqrt{3} \times \sqrt{\boxed{}^{ア}}$
$= \boxed{}^{イ}$

(2) $\sqrt{\dfrac{5}{16}}$
$= \dfrac{\sqrt{5}}{\sqrt{\boxed{}^{ア}}}$
$= \dfrac{\sqrt{5}}{\boxed{}^{イ}}$

(3) $\sqrt{32} - \sqrt{18} + \sqrt{8}$
$= 4\sqrt{2} - \boxed{}^{ア}\sqrt{2} + \boxed{}^{イ}\sqrt{2}$
$= (4 - \boxed{}^{ウ} + \boxed{}^{エ})\sqrt{2}$
$= \boxed{}^{オ}$

(4) $(\sqrt{5} + \sqrt{2})^2$
$= (\sqrt{5})^2 + 2 \times \sqrt{5} \times \boxed{}^{ア} + (\boxed{}^{イ})^2$
$= 5 + 2\sqrt{\boxed{}^{ウ}} + \boxed{}^{エ}$
$= \boxed{}^{オ}$

(5) $(\sqrt{2} + 3)(2\sqrt{2} + 1)$
$= \sqrt{2} \times \boxed{}^{ア} + \sqrt{2} \times 1 + 3 \times 2\sqrt{2} + 3 \times \boxed{}^{イ}$
$= \boxed{}^{ウ} + \sqrt{2} + 6\sqrt{2} + 3$
$= \boxed{}^{エ}$

2 次の数の分母を有理化しなさい。

(1) $\dfrac{3}{2\sqrt{3}}$
$= \dfrac{3 \times \boxed{}^{ア}}{2\sqrt{3} \times \boxed{}^{イ}}$
$= \dfrac{3\sqrt{3}}{2 \times \boxed{}^{ウ}}$
$= \boxed{}^{エ}$

(2) $\dfrac{6}{\sqrt{6} + \sqrt{2}}$
$= \dfrac{6 \times (\boxed{}^{ア})}{(\sqrt{6} + \sqrt{2})(\boxed{}^{イ})}$
$= \dfrac{6(\boxed{}^{ウ})}{(\sqrt{6})^2 - (\boxed{}^{エ})^2}$
$= \dfrac{6(\boxed{}^{オ})}{6 - \boxed{}^{カ}}$
$= \dfrac{3(\boxed{}^{キ})}{\boxed{}^{ク}}$

練習問題1

制限時間 15分　正答数　問／7問

1　次の計算をしなさい。

(1) $\sqrt{10} \times \sqrt{2}$

(2) $\sqrt{\dfrac{3}{25}}$

(3) $\sqrt{24} + \sqrt{3} + \sqrt{54} - \sqrt{27}$

(4) $(\sqrt{6} - 2)^2$

(5) $(\sqrt{3} + 2)(2\sqrt{3} - 1)$

2　次の数の分母を有理化しなさい。

(1) $\dfrac{4\sqrt{7}}{5\sqrt{2}}$

(2) $\dfrac{3}{\sqrt{6} - \sqrt{3}}$

●練習問題2●

1 次の計算をしなさい。

(1) $\sqrt{5} \times \sqrt{15}$

(2) $\sqrt{\dfrac{8}{9}}$

(3) $\sqrt{28} + \sqrt{45} - \sqrt{7} - \sqrt{80}$

(4) $(\sqrt{7} + 5)(\sqrt{7} - 3)$

(5) $(3\sqrt{5} + 5)(\sqrt{5} - 5)$

2 次の数の分母を有理化しなさい。

(1) $\dfrac{7\sqrt{3}}{2\sqrt{7}}$

(2) $\dfrac{6}{\sqrt{7} + 2}$

6　1次方程式

1　1次方程式の解き方
等式の性質などを利用して解き進める。

> 等式の両辺に同じ数を加えても，等式の両辺から同じ数を引いても，
> 等式の両辺に同じ数をかけても，同じ数でわっても等式は成り立つ。

例題 ① ────────────────── 1次方程式

鉛筆3本と120円のサインペンを1本買ったら，合計金額は450円であった。このとき，鉛筆1本の値段はいくらか。

解　鉛筆1本の値段を x 円とすると，鉛筆が3本あるので，鉛筆3本の金額は，$3 \times x = 3x$。鉛筆3本と，サインペン1本の合計金額が450円なので，次の方程式が成り立つ。

$3x + 120 = 450$
　　$3x = 450 - 120$　⇐移項すると符号が逆になる
　　$3x = 330$　⇐両辺を x の係数でわる
　　　$x = 110$

よって，鉛筆1本の値段は，**110** 円である。**答**

例題 ② ────────────────── 1次方程式

次の1次方程式を解きなさい。

$3(x + 3) = -x + 5$
　$3x + 9 = -x + 5$　⇐かっこがあればかっこをはずす
　$3x + x = 5 - 9$　⇐xを含む項を左辺に，定数項を右辺に移項し ○x = □ の形にする
　　　$4x = -4$　⇐両辺を4でわる
　　　　$x = -1$　**答**

2　連立方程式の解き方

加減法	2つの式をたしひきして，1つの文字だけの式にして，解く。
代入法	一方の式を $y = ○$，または $x = △$ として，他方の式に代入して解く。

例題 ③ ────────────────── 連立方程式

次の連立方程式を解きなさい。

(1) $\begin{cases} x + y = 5 & \cdots ① \\ y = 2x - 1 & \cdots ② \end{cases}$

解　②を①に代入すると
$x + 2x - 1 = 5$
　　　$3x = 5 + 1$　⇐移項すると符号が逆になる
　　　$3x = 6$　⇐両辺を3でわる
　　　　$x = 2$ ……③
③を②に代入して
$y = 2 \times 2 - 1 = 3$
　　$x = 2, \ y = 3$　**答**

(2) $2x + y = 3x - y = 5$

解　$\begin{cases} 2x + y = 5 & \cdots ① \\ 3x - y = 5 & \cdots ② \end{cases}$

①＋②より
$5x = 10$　⇐両辺を5でわる
　$x = 2$ ……③
③を①に代入して
$2 \times 2 + y = 5$
　$4 + y = 5$
　　　$y = 1$　　$x = 2, \ y = 1$　**答**

● 確認問題 ●

1 次の 1 次方程式を解きなさい。

(1) $2x - 8 = 6$
$2x = 6 + \boxed{}^{ア}$
$2x = 14$
$x = \boxed{}^{イ}$

(2) $3x - 5 = 10$
$3x = 10 + \boxed{}^{ア}$
$3x = 15$
$x = \boxed{}^{イ}$

(3) $-2x + 4 = 10$
$-2x = 10 - \boxed{}^{ア}$
$-2x = 6$
$x = \boxed{}^{イ}$

(4) $-4x - 5 = -9$
$-4x = -9 + \boxed{}^{ア}$
$-4x = -4$
$x = \boxed{}^{イ}$

2 りんご 3 個と 110 円のみかんを 1 個買ったら，合計金額が 500 円であった。このとき，りんご 1 個の値段はいくらか。

りんご 3 個と，みかん 1 個の合計金額が 500 円なので，りんご 1 個の値段を x 円とすると，次の方程式が成り立つ。

$3x + \boxed{}^{ア} = 500$
$3x = 500 - \boxed{}^{イ}$
$3x = 390$
$x = \boxed{}^{ウ}$

よって，りんご 1 個の値段は $\boxed{}^{エ}$ 円である。

3 次の連立方程式を解きなさい。

$\begin{cases} x + y = 3 & \cdots\cdots ① \\ y = 2x - 12 & \cdots\cdots ② \end{cases}$

②を①に代入すると，
$x + 2x - 12 = 3$
$3x = 3 + \boxed{}^{ア}$
$3x = \boxed{}^{イ}$
$x = \boxed{}^{ウ} \cdots\cdots ③$

③を②に代入して，
$y = 2 \times \boxed{}^{エ} - 12$
$y = \boxed{}^{オ} - 12$
$y = \boxed{}^{カ}$
$x = \boxed{}^{キ}, y = \boxed{}^{ク}$

●練習問題1●

1 次の1次方程式を解きなさい。

(1) $2x + 3 = 5$

(2) $\dfrac{1}{4}x = 2$

2 鉛筆10本と，1本120円の赤ペンを5本買ったときの合計金額が1600円であった。このとき，鉛筆1本の値段はいくらか。

3 次の連立方程式を解きなさい。

(1) $\begin{cases} 2x + y = 1 \\ 3x - 2y = 5 \end{cases}$

(2) $\begin{cases} x = 2y \\ 2x + y = 10 \end{cases}$

●●●チャレンジ問題●●● ── SPI 鶴亀算 ──

1個200円の柿と1個120円のりんごが合わせて13個ある。合計金額は2200円である。りんごは何個あるか。

A　1個　　B　3個　　C　5個　　D　7個
E　9個　　F　11個　　G　13個　　H　A〜Gのいずれでもない

● 練習問題2 ●

制限時間 **15**分　正答数 問／6問

1 次の1次方程式を解きなさい。

(1) $3x - 6 = 15$

(2) $0.5x + 5.5 = 6.5$

(3) $\dfrac{3}{2}x - 1 = \dfrac{2x + 2}{3}$

(4) $2(3 - 2x) + 5 = x + 1$

2 ストラップ4個と，1個700円のキーホルダーを6個買ったときの合計金額が5000円であった。このとき，ストラップ1個の値段はいくらか。

3 りんご1個とみかん2個を買ったら260円であった。また，りんご4個とみかん6個を買ったら920円であった。りんごとみかんはそれぞれ1個いくらか。

ヒント　りんご1個の値段を x 円，みかん1個の値段を y 円として連立方程式を立ててみよう！

●●●チャレンジ問題●●● ── SPI 年齢算 ──

現在，父の年齢は子の年齢の9倍である。4年後には父の年齢は子の年齢の5倍になるという。現在の子の年齢を求めよ。

ヒント　現在の子の年齢を x 歳だとすると父の年齢は $9x$ 歳となる。4年後の子と父の年齢から方程式を立ててみよう！

A　3歳　　　B　4歳　　　C　5歳　　　D　6歳
E　8歳　　　F　9歳　　　G　11歳　　H　A～Gのいずれでもない

7 2次方程式

1 2次方程式の解き方

(x の 2 次式) $= 0$ の形に表せる方程式を x の 2 次方程式という。

> 左辺が因数分解できる 2 次方程式→因数分解を利用して解く。
> 左辺が因数分解できない 2 次方程式→解の公式を利用して解く。

解の公式
2 次方程式 $ax^2 + bx + c = 0$ の解は $x = \dfrac{-b \pm \sqrt{b^2 - 4ac}}{2a}$

例題 ①

2次方程式

$$AB = 0$$
のとき
$$A = 0 \text{ または } B = 0$$

次の 2 次方程式を解きなさい。
$x^2 + 2x - 24 = 0$

解 左辺を因数分解すると ⇐ ○ × △ = −24 となる 2 数の組から考える
$(x + 6)(x - 4) = 0$
よって $x + 6 = 0$ または $x - 4 = 0$
したがって $x = -6, 4$ 答

例題 ②

次の 2 次方程式を解きなさい。
$x^2 + 6x + 9 = 0$

解 左辺を因数分解すると, ⇐ $x^2 + 2 \times x \times 3 + 3^2 = 0$ となる
$(x + 3)^2 = 0$
よって $x + 3 = 0$
したがって $x = -3$ 答

例題 ③

次の 2 次方程式を解きなさい。
$3x^2 - 5x - 1 = 0$

解 解の公式で, $a = 3, b = -5, c = -1$ として
$$x = \dfrac{-(-5) \pm \sqrt{(-5)^2 - 4 \times 3 \times (-1)}}{2 \times 3}$$
$$= \dfrac{5 \pm \sqrt{25 + 12}}{6}$$
$$= \dfrac{5 \pm \sqrt{37}}{6} \quad \text{答}$$

● 確認問題 ●

正答数　問／6問

1　次の2次方程式を解きなさい。

(1) $x^2 - 8x + 12 = 0$

$(x-2)(x - \boxed{}) = 0$

$x = \boxed{}, 6$

(2) $x^2 + x - 42 = 0$

$(x + \boxed{})(x - \boxed{}) = 0$

$x = -\boxed{}, \boxed{}$

(3) $x^2 + 10x + 25 = 0$

$(x + \boxed{})^2 = 0$

$x = \boxed{}$

(4) $x^2 - 9 = 0$

$(x + \boxed{})(x - \boxed{}) = 0$

$x = -\boxed{}, \boxed{}$

2　次の2次方程式を解きなさい。

(1) $x^2 + 3x + 1 = 0$

$x = \dfrac{-3 \pm \sqrt{\boxed{}^2 - 4 \times 1 \times \boxed{}}}{2 \times \boxed{}}$

$= \dfrac{-3 \pm \sqrt{9 - \boxed{}}}{2}$

$= \dfrac{-3 \pm \sqrt{\boxed{}}}{2}$

(2) $3x^2 + 3x - 2 = 0$

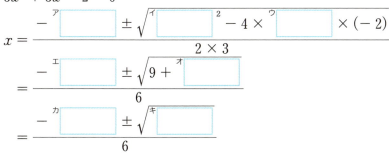

● 練習問題1 ●

制限時間 15分　正答数　問／8問

1 次の2次方程式を解きなさい。

(1) $x^2 - 5x - 36 = 0$

(2) $x^2 + 14x + 48 = 0$

(3) $x^2 - 12x + 36 = 0$

(4) $x^2 - 25 = 0$

2 次の2次方程式を解きなさい。

(1) $x^2 - 5x - 2 = 0$

(2) $x^2 + 7x + 5 = 0$

(3) $2x^2 - 5x + 1 = 0$

(4) $x^2 + 6x + 3 = 0$

●練習問題2●

1 次の2次方程式を解きなさい。

(1) $x^2 - 7x - 30 = 0$

(2) $x^2 = 4x + 32$　ヒント (2次式)＝0 の形にして考える

(3) $4x^2 + 4x + 1 = 0$

(4) $x^2 - 144 = 0$

2 次の2次方程式を解きなさい。

(1) $x^2 - 3x - 2 = 0$

(2) $2x^2 + 10x + 2 = 0$　ヒント x^2 の係数2で式をわってから解くとよい

(3) $2x^2 - 3x - 3 = 0$

(4) $3x^2 - 2x - 4 = 0$

8 不等式

1　1次不等式の解き方
不等式の性質などを利用して解き進める。

> 不等式の両辺に同じ負の数をかけたり，同じ負の数でわったりしたときだけ不等号の向きが逆になる。

不等式の性質
$a < b$ のとき
① $a + c < b + c$
② $a - c < b - c$
③ $c > 0$ ならば
　$ac < bc,\ \dfrac{a}{c} < \dfrac{b}{c}$
④ $c < 0$ ならば
　$ac > bc,\ \dfrac{a}{c} > \dfrac{b}{c}$

例題 ❶ ── 1次不等式

次の1次不等式を解きなさい。
$5x - 4 < 7x + 2$

解　$7x$ を左辺に，-4 を右辺にそれぞれ移項すると，
　　$5x - 7x < 2 + 4$　←移項すると符号が逆になる
　　　　$-2x < 6$
　両辺を -2 でわると
　　　　$x > -3$　**答**　←両辺を負の数でわると不等号の向きが変わる

2　連立不等式の解き方
それぞれの不等式の解の共通部分を求める。

共通部分を考えるときは，数直線を使うとわかりやすいよ。

例題 ❷ ── 連立不等式

次の連立不等式を解きなさい。
$\begin{cases} 3x - 1 > 8 & \cdots\cdots ① \\ x + 13 \geqq 3x - 5 & \cdots\cdots ② \end{cases}$

解　①を解くと　　　②を解くと
　　$3x > 8 + 1$　　　$x - 3x \geqq -5 - 13$
　　$3x > 9$　　　　　$-2x \geqq -18$
　　$x > 3\ \cdots\cdots③$　　$x \leqq 9\ \cdots\cdots④$

よって，③，④をともにみたす x の値の範囲は
　　$3 < x \leqq 9$　**答**

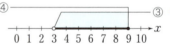

←数直線上の○はその値を含まないことを表し，●はその値を含むことを表している

3　2次不等式の解き方

> 2次方程式 $ax^2 + bx + c = 0\ (a > 0)$ が
> 2つの解 $\alpha,\ \beta\ (\alpha < \beta)$ をもつとき
> ① $ax^2 + bx + c > 0$ の解は，$x < \alpha,\ \beta < x$
> ② $ax^2 + bx + c < 0$ の解は，$\alpha < x < \beta$

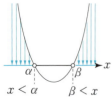
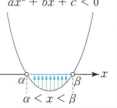

例題 ❸ ── 2次不等式

次の2次不等式を解きなさい。
$x^2 + 2x - 8 > 0$

解　2次方程式 $x^2 + 2x - 8 = 0$ の解は
　　$(x + 4)(x - 2) = 0$ から
　　　$x = -4,\ 2$
　よって，求める不等式の解は
　　　$x < -4,\ 2 < x$　**答**

● 確認問題 ●

1 次の1次不等式を解きなさい。

(1) $4x + 3 > 2x + 1$

$4x - \boxed{}^{ア} x > 1 - \boxed{}^{イ}$

$\boxed{}^{ウ} x > \boxed{}^{エ}$

$x \boxed{}^{オ} - 1$

↑不等号を記入

(2) $2x - 6 \leqq 7x + 9$

$2x - \boxed{}^{ア} x \leqq 9 + \boxed{}^{イ}$

$\boxed{}^{ウ} x \leqq \boxed{}^{エ}$

$x \boxed{}^{オ} - 3$

↑不等号を記入

2 次の連立不等式を解きなさい。

(1) $\begin{cases} 5x - 21 < 2x & \cdots\cdots ① \\ 4x - 8 > 12 - x & \cdots\cdots ② \end{cases}$

①を解くと

$5x - \boxed{}^{ア} x < \boxed{}^{イ}$

$\boxed{}^{ウ} x < \boxed{}^{エ}$

$x < \boxed{}^{オ} \cdots\cdots ③$

②を解くと

$4x + x > 12 + \boxed{}^{カ}$

$\boxed{}^{キ} x > \boxed{}^{ク}$

$x > \boxed{}^{ケ} \cdots\cdots ④$

よって、③,④をともにみたす x の値の範囲は

$\boxed{}^{コ} < x < \boxed{}^{サ}$

(2) $5x - 7 < 8x + 5 \leqq -2x + 15$

$\begin{cases} 5x - 7 < 8x + 5 & \cdots\cdots ① \\ 8x + 5 \leqq -2x + 15 & \cdots\cdots ② \end{cases}$

ヒント $A < B < C$ の形は $\begin{cases} A < B \\ B < C \end{cases}$ として解く

①を解くと

$5x - \boxed{}^{ア} x < 5 + \boxed{}^{イ}$

$\boxed{}^{ウ} x < \boxed{}^{エ}$

$x > \boxed{}^{オ} \cdots\cdots ③$

②を解くと

$8x + \boxed{}^{カ} x \leqq 15 - \boxed{}^{キ}$

$\boxed{}^{ク} x \leqq \boxed{}^{ケ}$

$x \leqq \boxed{}^{コ} \cdots\cdots ④$

よって、③,④をともにみたす x の値の範囲は

$\boxed{}^{サ} < x \leqq \boxed{}^{シ}$

3 次の2次不等式を解きなさい。

(1) $x^2 - 8x + 15 \geqq 0$

2次方程式 $x^2 - 8x + 15 = 0$ の解は

$(x - 3)(x - \boxed{}^{ア}) = 0$ から

$x = \boxed{}^{イ}, 5$

よって、求める不等式の解は

$x \leqq \boxed{}^{ウ}, \boxed{}^{エ} \leqq x$

(2) $x^2 - 5x - 14 < 0$

2次方程式 $x^2 - 5x - 14 = 0$ の解は

$(x + \boxed{}^{ア})(x - \boxed{}^{イ}) = 0$ から

$x = -\boxed{}^{ウ}, \boxed{}^{エ}$

よって、求める不等式の解は

$-\boxed{}^{オ} < x < \boxed{}^{カ}$

● 練習問題1 ●

1 次の1次不等式を解きなさい。

(1) $5x - 4 \geqq 9x - 8$

(2) $2(4x - 5) < 3x + 10$

2 次の連立不等式を解きなさい。

(1) $\begin{cases} x + 3 \geqq 4x - 15 \\ 3(x + 2) + 2x > 21 \end{cases}$

(2) $3x - 6 < 2x + 5 < 7x + 5$

3 次の2次不等式を解きなさい。

(1) $x^2 + x - 42 > 0$

(2) $-x^2 - x + 6 \geqq 0$　　**ヒント** 両辺に -1 をかけて x^2 の係数を $+$ にす

●練習問題2●

1 次の1次不等式を解きなさい。

(1) $6 - 5(x+2) \leqq 2x + 3$

(2) $\dfrac{x}{4} + 3 > \dfrac{x}{2}$

2 次の連立不等式を解きなさい。

(1) $\begin{cases} 3x - 5 < 7x + 15 \\ 2(x-3) < 3 - x \end{cases}$

(2) $2x \leqq 3x + 1 < 2(x+1)$

3 次の2次不等式を解きなさい。

(1) $x^2 - 14x + 24 > 0$

(2) $x^2 - 5x - 2 \leqq 0$ ヒント $x^2 - 5x - 2 = 0$ の解を解の公式で求める

9　1次関数とグラフ

1　1次関数のグラフ

1次関数 $y = ax + b$ のグラフは，傾き a，切片 b の直線であり，2直線が平行であるとき，その2直線の傾きが等しい。

$y = ax + b$ のグラフ

$a > 0$ のとき

$a < 0$ のとき

例題 ①　― 直線の式 ―

次の直線の式を求めなさい。

(1) 傾きが3で，点 $(1, -2)$ を通る。

解　傾きが3なので，$y = 3x + b$ と表せる。
点 $(1, -2)$ を通るので，$x = 1$，$y = -2$ を代入すると，
　$-2 = 3 \times 1 + b$
　$b = -5$
よって，$\bm{y = 3x - 5}$　答

(2) 2点 $(-1, 4)$，$(2, 1)$ を通る。

解　傾きは，$\dfrac{1-4}{2-(-1)} = \dfrac{-3}{3} = -1$ なので，$y = -x + b$ と表せる。
点 $(2, 1)$ を通るので，$x = 2$，$y = 1$ を代入すると，
　$1 = -2 + b$
　$b = 3$
よって，$\bm{y = -x + 3}$　答

(3) 直線 $y = 2x$ に平行で，点 $(1, 5)$ を通る。

解　平行である2直線は，傾きが等しいので，求める直線の傾きは2であり，
$y = 2x + b$ と表せる。
点 $(1, 5)$ を通るので，$x = 1$，$y = 5$ を代入すると，
　$5 = 2 \times 1 + b$
　$b = 3$
よって，$\bm{y = 2x + 3}$　答

2　2直線の交点

2直線の交点の座標は，2つの直線の式を連立方程式として解いた解に等しい。

例題 ②　― 2直線の交点 ―

2直線 $y = \dfrac{1}{2}x + 2$，$y = -\dfrac{3}{2}x + 6$ の交点の座標を求めなさい。

解　$y = \dfrac{1}{2}x + 2$ ……①　$y = -\dfrac{3}{2}x + 6$ ……②

①，②より　$\dfrac{1}{2}x + 2 = -\dfrac{3}{2}x + 6$
　　　　　　$x + 4 = -3x + 12$
　　　　　　$x + 3x = 12 - 4$
　　　　　　$4x = 8$
　　　　　　$x = 2$

これを①に代入すると，$y = \dfrac{1}{2} \times 2 + 2 = 1 + 2 = 3$

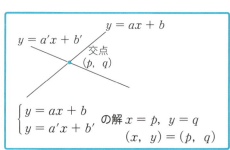

よって，交点の座標は $\bm{(2, 3)}$　答

● 確認問題 ●

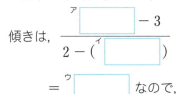

1 次の直線の式を求めなさい。

(1) 傾きが 4 で，点 $(2, -4)$ を通る。

傾きが 4 なので，

$y = \boxed{\text{ア}} x + b$ と表せる。

$x = 2, y = -4$ を代入すると，

$\boxed{\text{イ}} = 4 \times \boxed{\text{ウ}} + b$

$b = \boxed{\text{エ}}$

よって，$y = \boxed{\text{オ}} x - \boxed{\text{カ}}$

(2) 2 点 $(-1, 3), (2, -3)$ を通る。

傾きは，$\dfrac{\boxed{\text{ア}} - 3}{2 - (\boxed{\text{イ}})}$

$= \boxed{\text{ウ}}$ なので，

$y = \boxed{\text{エ}} x + b$ と表せる。

$x = 2, y = -3$ を代入すると，

$\boxed{\text{オ}} = -2 \times \boxed{\text{カ}} + b$

$b = \boxed{\text{キ}}$

よって，$y = \boxed{\text{ク}} x + \boxed{\text{ケ}}$

(3) 直線 $y = -2x + 1$ に平行で，点 $(2, 1)$ を通る。

求める直線の傾きは，$\boxed{\text{ア}}$ なので，

$y = \boxed{\text{イ}} x + b$ と表せる。

$x = 2, y = 1$ を代入すると，

$\boxed{\text{ウ}} = -2 \times \boxed{\text{エ}} + b$

$b = \boxed{\text{オ}}$

よって，$y = \boxed{\text{カ}} x + \boxed{\text{キ}}$

2 2 直線 $y = x - 1, y = -2x + 5$ の交点の座標を求めなさい。

$y = x - 1$ ……① $y = -2x + 5$ ……②

①, ②より，

$x - 1 = -2x + 5$

$x + \boxed{\text{ア}} x = 5 + \boxed{\text{イ}}$

$\boxed{\text{ウ}} x = \boxed{\text{エ}}$

$x = \boxed{\text{オ}}$

これを①に代入すると，

$y = \boxed{\text{カ}} - 1$

$= \boxed{\text{キ}}$

よって，交点の座標は $(\boxed{\text{ク}}, \boxed{\text{ケ}})$

●練習問題1●

1 次の直線の式を求めなさい。

(1) 傾きが -2 で，点 $(-2, 3)$ を通る。

(2) 2点 $(-2, -3)$, $(2, -1)$ を通る。

(3) 直線 $y = 3x - 1$ に平行で，点 $(2, 3)$ を通る。

2 2直線 $y = 4x - 3$, $y = -2x + 6$ の交点の座標を求めなさい。

● 練習問題2 ●

1　次の直線の式を求めなさい。

(1) 傾きが $-\dfrac{1}{2}$ で，点 $(4, 1)$ を通る。

(2) 2点 $(-1, -2)$，$(3, 4)$ を通る。

(3) 直線 $y = -\dfrac{1}{3}x + 2$ に平行で，点 $(6, 3)$ を通る。

2　2直線 $y = 3x - 1$，$y = -x + 1$ の交点の座標を求めなさい。

10 2次関数とグラフ

1 2次関数のグラフ

①$y = ax^2$ のグラフ($a \neq 0$)
・y軸を軸とし，原点$(0, 0)$を頂点とする放物線
・$a > 0$ のとき下に凸，$a < 0$ のとき上に凸

②$y = a(x - p)^2 + q$ のグラフ($a \neq 0$)
・$y = ax^2$ のグラフをx軸方向にp，y軸方向にq だけ平行移動した放物線
・軸は直線 $x = p$，頂点は点(p, q)

例題 ❶ ──── 2次関数のグラフ

次の放物線の式を求めなさい。

(1) 頂点が原点で，点$(2, 8)$を通る。

解 頂点が原点なので，
 $y = ax^2$ と表せる。
 $x = 2$，$y = 8$ を代入すると，
 $8 = a \times 2^2$
 $a = 2$
 したがって，$\boldsymbol{y = 2x^2}$ 答

(2) $y = 2x^2$ のグラフを，頂点が$(2, 3)$になるように平行移動したもの。

解 $y = 2x^2$ のグラフを頂点が(p, q)になるように平行移動したものは，
 $y = 2(x - p)^2 + q$ と表せる。
 頂点が点$(2, 3)$なので，
 $p = 2$，$q = 3$
 したがって，$\boldsymbol{y = 2(x - 2)^2 + 3}$ 答

例題 ❷ ──── 2次関数のグラフ

次の放物線の軸の方程式と頂点の座標を求めなさい。

(1) $y = x^2 - 2x - 3$

解 $y = x^2 - 2x + 1^2 - 1^2 - 3$
 $= (x - 1)^2 - 1 - 3$
 $= (x - 1)^2 - 4$
 したがって，軸の方程式 $\boldsymbol{x = 1}$
   頂点の座標 $\boldsymbol{(1, -4)}$ 答

(2) $y = 2x^2 - 4x - 6$

解 $y = 2(x^2 - 2x) - 6$
 $= 2(x^2 - 2x + 1^2 - 1^2) - 6$
 $= 2\{(x - 1)^2 - 1\} - 6$
 $= 2(x - 1)^2 - 2 - 6$
 $= 2(x - 1)^2 - 8$
 したがって，軸の方程式 $\boldsymbol{x = 1}$
   頂点の座標 $\boldsymbol{(1, -8)}$ 答

2 放物線と直線の交点

放物線と直線の交点の座標も，2直線の交点と同じように，2つの式を連立方程式として解いた解に等しい。

例題 ❸ ──── 放物線と直線の交点

放物線 $y = x^2 - 4x + 6$ と直線 $y = 4x - 9$ との交点の座標を求めなさい。

解 $y = x^2 - 4x + 6$ ……①
 $y = 4x - 9$ ……②
 ①，②より，$x^2 - 4x + 6 = 4x - 9$
  $x^2 - 8x + 15 = 0$
  $(x - 3)(x - 5) = 0$
  $x = 3, 5$

 $x = 3$ を②に代入すると，
 $y = 4 \times 3 - 9 = 3$
 $x = 5$ を②に代入すると，
 $y = 4 \times 5 - 9 = 11$
 よって，交点の座標は，$\boldsymbol{(3, 3)}$，$\boldsymbol{(5, 11)}$ 答

● 確認問題 ●

1 次の放物線の式を求めなさい。

(1) 頂点が原点で，点 $(-3, 27)$ を通る。

頂点が原点なので，$y = ax^2$ と表せる。
$x = -3$, $y = 27$ を代入すると，
$$^{ア}\boxed{} = a \times (^{イ}\boxed{})^2$$
$$a = {}^{ウ}\boxed{}$$
したがって，$y = {}^{エ}\boxed{} x^2$

(2) $y = -x^2$ のグラフを，頂点が点 $(-1, 5)$ になるように平行移動したもの。

$y = -x^2$ のグラフを頂点が (p, q) になるように平行移動したものは，
$y = -(x - p)^2 + q$ と表せる。
頂点が点 $(-1, 5)$ なので，
$$p = {}^{ア}\boxed{}, \quad q = {}^{イ}\boxed{}$$
したがって，
$$y = -(x + {}^{ウ}\boxed{})^2 + {}^{エ}\boxed{}$$

2 放物線 $y = x^2 + 8x + 7$ の軸の方程式と頂点の座標を求めなさい。

$y = x^2 + 8x + {}^{ア}\boxed{}^2 - {}^{イ}\boxed{}^2 + 7$

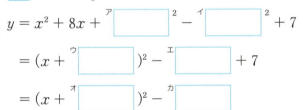

したがって，軸の方程式 $x = {}^{キ}\boxed{}$

頂点の座標 $({}^{ク}\boxed{}, {}^{ケ}\boxed{})$

3 放物線 $y = x^2 - 3x - 8$ と直線 $y = x + 4$ との交点の座標を求めなさい。

$y = x^2 - 3x - 8$ ……① $y = x + 4$ ……②

①，②より
$x^2 - 3x - 8 = x + 4$
$x^2 - {}^{ア}\boxed{} x - {}^{イ}\boxed{} = 0$
$(x + {}^{ウ}\boxed{})(x - {}^{エ}\boxed{}) = 0$
$x = -{}^{オ}\boxed{}, {}^{カ}\boxed{}$

$x = -{}^{キ}\boxed{}$ を②に代入すると，
$y = -{}^{ク}\boxed{} + 4 = {}^{ケ}\boxed{}$

$x = {}^{コ}\boxed{}$ を②に代入すると，
$y = {}^{サ}\boxed{} + 4 = {}^{シ}\boxed{}$

よって，交点の座標は，
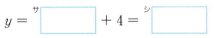

● 練習問題1 ●

制限時間 **15**分　正答数　問／5問

1 次の放物線の式を求めなさい。

(1) 頂点が原点で，点 $(4, 32)$ を通る。

(2) $y = -2x^2$ のグラフを，頂点が点 $(-3, -2)$ になるように平行移動したもの。

2 次の放物線の軸の方程式と頂点の座標を求めなさい。

(1) $y = x^2 - 6x + 5$

(2) $y = 3x^2 - 12x + 6$

3 放物線 $y = x^2 + x - 5$ と直線 $y = -4x + 9$ との交点の座標を求めなさい。

●練習問題2●

1 次の放物線の式を求めなさい。

(1) 頂点が原点で，点 $(-3, 3)$ を通る。

(2) $y = \dfrac{1}{2}x^2$ のグラフを，頂点が点 $(2, -5)$ になるように平行移動したもの。

2 次の放物線の軸の方程式と頂点の座標を求めなさい。

(1) $y = x^2 + x + 1$

(2) $y = -2x^2 - 4x - 1$

3 放物線 $y = 2x^2 + 3x - 16$ と直線 $y = x + 8$ との交点の座標を求めなさい。

11 図形と角・合同な図形・平行線と線分の比

1 図形と角

①角の性質
(1) 対頂角は等しい。（∠x = ∠y）
$l \mathbin{/\mkern-2mu/} m$ のとき，
(2) 同位角は等しい。（∠y = ∠z）
(3) 錯角は等しい。（∠x = ∠z）

②三角形の内角と外角
(1) 3つの内角の和は 180° である。
(2) 1つの外角は，それに隣り合わない2つの内角の和に等しい。

③多角形の角
(1) n 角形の内角の和は $180° × (n - 2)$
(2) n 角形の外角の和は，360°

例題 ①　　　　　　　　　　　　　　　　　　図形と角

(1) 次の図で，$l \mathbin{/\mkern-2mu/} m$ のとき，∠x の大きさを求めなさい。

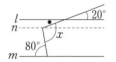

解 対頂角から ● の角は 20°
また，l と m に平行な直線 n を引くと，錯角から，
∠x = ● + 80° = 20° + 80° = **100°**　答

(2) 五角形の内角の和を求めなさい。

解 $180° × (5 - 2) = 180° × 3 =$ **540°**　答

2 合同な図形

①三角形の合同条件
(1) 3組の辺がそれぞれ等しい。
(2) 2組の辺とその間の角がそれぞれ等しい。
(3) 1組の辺とその両端の角がそれぞれ等しい。

②直角三角形の合同条件
(1) 直角三角形の斜辺と1つの鋭角がそれぞれ等しい。
(2) 直角三角形の斜辺と他の1辺がそれぞれ等しい。

3 平行線と線分の比

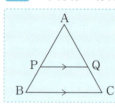

PQ $\mathbin{/\mkern-2mu/}$ BC ならば
AP : PB = AQ : QC
AP : AB = AQ : AC
AP : AB = PQ : BC

例題 ②　　　　　合同な図形

右の図の四角形 ABCD で，
AB = DC，BD = CA
であるとき，
△ABC ≡ △DCB
であることを証明しなさい。

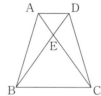

解 △ABC と △DCB において，
仮定より，AB = DC ……①
　　　　　CA = BD ……②
また，BC は共通 ……③
①，②，③より
3組の辺がそれぞれ等しいので，
　△ABC ≡ △DCB

例題 ③　　　　　平行線と線分の比

下の図で $l \mathbin{/\mkern-2mu/} m \mathbin{/\mkern-2mu/} n$ のとき，x の値を求めなさい。

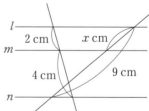

解 $x : 9 = 2 : (2 + 4)$
$x : 9 = 2 : 6$
$6x = 18$
$x =$ **3**　答

● 確認問題 ●

1 次の図で，$l \parallel m$ のとき，$\angle x$ の大きさを求めなさい。

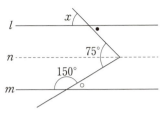

$\circ = 180° - 150° = \boxed{}^{ア}$ °

l と m に平行な直線 n を引くと，錯角から，

$\bullet + 30° = \boxed{}^{イ}$ °

$\bullet = \boxed{}^{ウ}$ ° $- 30° = \boxed{}^{エ}$ °

対頂角より，$\angle x = \bullet$ なので，

$\angle x = \boxed{}^{オ}$ °

2 次の図で，$\angle x$ の値を求めなさい。

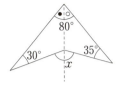

図のように補助線を引くと，外角の性質から，

$\angle x = (\bullet + 30°) + (\circ + \boxed{}^{ア}$ °$)$

$= (\bullet + \circ) + \boxed{}^{イ}$ °

$= \boxed{}^{ウ}$ ° $+ 65°$

$= \boxed{}^{エ}$ °

3 次の図で，$l \parallel m \parallel n$ のとき，x の値を求めなさい。

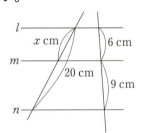

$x : \boxed{}^{ア} = \boxed{}^{イ} : (6+9)$

$x : \boxed{}^{ウ} = \boxed{}^{エ} : 15$

$15x = \boxed{}^{オ}$

$x = \boxed{}^{カ}$

4 次の図で，点 M は線分 CD の中点で，AC $\parallel$ DB である。
このとき，$\triangle$ACM $\equiv$ $\triangle$BDM であることを証明しなさい。

$\triangle$ACM と $\triangle$BDM において，

仮定より，CM $= \boxed{}^{ア}$ ……①

対頂角より，$\angle$AMC $= \angle \boxed{}^{イ}$ ……②

また，AC $\parallel$ DB より，$\boxed{}^{ウ}$ が等しい

ので，$\angle$ACM $= \angle$BDM ……③

①，②，③より

$\boxed{}^{エ}$ がそれぞれ等し

いので，$\triangle$ACM $\equiv$ $\triangle$BDM

●練習問題1●

制限時間 **15分**　正答数　問／4問

1 次の問いに答えなさい。

(1) 次の図で，$l \mathbin{/\mkern-4mu/} m$ のとき，$\angle x$ の大きさを求めなさい。

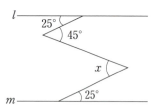

(2) 次の図で，$\angle x$ の値を求めなさい。

ヒント 三角形の外角の性質を利用する

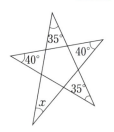

2 次の図の $\triangle ABC$ で，点 M は辺 BC の中点である。点 D，点 E を線分 BD と線分 CE がともに直線 AM と垂直になるようにとる。
このとき，$\triangle BDM \equiv \triangle CEM$ であることを証明しなさい。

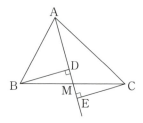

3 次の図で，$ED \mathbin{/\mkern-4mu/} BC$ のとき，x の値を求めなさい。

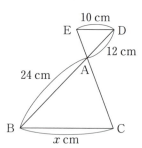

●●●チャレンジ問題●●● ── SPI 図形 ──

右の図形と同じものはどれか。

A 　　B 　　C 　　D

E 　　F 　　G 　　H A〜Gのいずれでもない

● 練習問題2 ●

制限時間 **15**分　正答数　問／5問

1 次の問いに答えなさい。

(1) 次の図で，$l \parallel m$ のとき，$\angle x$ の大きさを求めなさい。

(2) 次の図で，$\angle x$ の値を求めなさい。

ヒント ●と×の和を求める

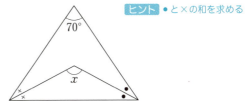

(3) 八角形の内角の和を求めなさい。

(4) 1つの外角が 30° である正多角形は，正何角形か求めなさい。

2 右の図で，△ABD と △ACE は正三角形である。このとき，△ABE ≡ △ADC であることを証明しなさい。

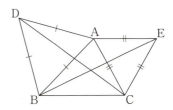

●●●**チャレンジ問題**●●●　……… SPI 図形 ………

右の図で，$l \parallel m$ のとき，$\angle x$ の大きさを求めよ。

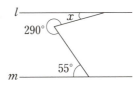

A　10°　　B　15°　　C　20°　　D　25°
E　30°　　F　35°　　G　40°　　H　A～Gのいずれでもない

12 図形の面積・体積

1 図形の面積

平面図形の公式
(三角形の面積) = $\frac{1}{2}$ × (底辺) × (高さ)
(平行四辺形の面積) = (底辺) × (高さ)
(台形の面積) = $\frac{1}{2}$ × (上底 + 下底) × (高さ)
(円周の長さ) = 2π × (半径)
(円の面積) = π × (半径)^2
(おうぎ形の弧の長さ) = (円周の長さ) × $\frac{(中心角)}{360°}$
(おうぎ形の面積) = (円の面積) × $\frac{(中心角)}{360°}$

例題 ❶ ── 図形の面積

次の図形の影の部分の面積を求めなさい。ただし、円周率は π とする。

(1)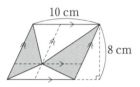

解 影の部分の面積は、全体の平行四辺形の面積のちょうど半分なので、
$10 \times 8 \times \frac{1}{2} = \mathbf{40 (cm^2)}$ 答

(2)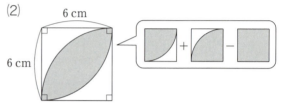

解 影の部分の面積は、おうぎ形 2 つ分の面積から全体の正方形の面積を引けばよいので、
$\left(\pi \times 6^2 \times \frac{1}{4}\right) \times 2 - 6^2$
$= 9\pi \times 2 - 36 = \mathbf{18\pi - 36 (cm^2)}$ 答

2 立体の表面積・体積

角柱, 円柱 (体積) = (底面積) × (高さ)　(表面積) = (底面積) × 2 + (側面積)
角錐, 円錐 (体積) = $\frac{1}{3}$ × (底面積) × (高さ)　(表面積) = (底面積) + (側面積)
球 (体積) = $\frac{4}{3}\pi$ × (半径)^3　(表面積) = 4π × (半径)^2

例題 ❷ ── 立体の表面積・体積

次の立体の体積と表面積を求めなさい。ただし、円周率は π とする。

(1) 三角柱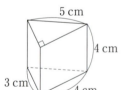

解 体積は,
$\left(\frac{1}{2} \times 3 \times 4\right) \times 4$
$= 6 \times 4$
$= \mathbf{24 (cm^3)}$ 答

表面積は,
底面積 $\frac{1}{2} \times 3 \times 4 = 6 (cm^2)$
側面積 $4 \times (3 + 4 + 5) = 48 (cm^2)$ より
　↑側面をつなげて 1 つの長方形と考えるとよい
$6 \times 2 + 48 = 12 + 48 = \mathbf{60 (cm^2)}$ 答

(2) 円錐

解 体積は、円錐の高さを h cm とすると、三平方の定理より
$h^2 + 3^2 = 5^2$
$h^2 = 25 - 9$
$= 16$
$h > 0$ なので、$h = 4 (cm)$

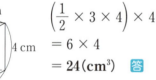
三平方の定理
$a^2 + b^2 = c^2$

よって、$\frac{1}{3} \times (\pi \times 3^2) \times 4 = \mathbf{12\pi (cm^3)}$ 答

表面積は、底面積 $\pi \times 3^2 = 9\pi (cm^2)$
側面積 $\pi \times 5^2 \times \frac{2\pi \times 3}{2\pi \times 5} = 15\pi (cm^2)$
　　　↑ $\frac{(おうぎ形の弧の長さ)}{(円周の長さ)}$

より $9\pi + 15\pi = \mathbf{24\pi (cm^2)}$ 答

● 確認問題 ●

1　次の図形の影の部分の面積を求めなさい。ただし，円周率は π とする。

(1) 台形

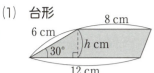

台形の高さを h cm とする。

$h : 6 = $ ア ☐ $:$ イ ☐ より

ウ ☐ $h = 6$　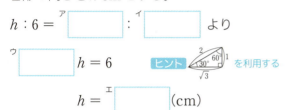 を利用する

$h = $ エ ☐ (cm)

よって，求める面積は，

$\dfrac{1}{2} \times (8 + $ オ ☐ $) \times $ カ ☐

$= $ キ ☐ (cm²)

(2)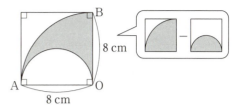

おうぎ形 OAB の面積は，

$\pi \times $ ア ☐ ² $\times \dfrac{1}{\text{イ}\ \square} = $ ウ ☐ π (cm²)

AO を直径とする半円の面積は，

$\pi \times $ エ ☐ ² $\times \dfrac{1}{\text{オ}\ \square} = $ カ ☐ π (cm²)

よって，求める面積は，

キ ☐ $\pi - $ ク ☐ $\pi = $ ケ ☐ π (cm²)

2　次の立体の体積と表面積を求めなさい。ただし，円周率は π とする。

(1) 円柱

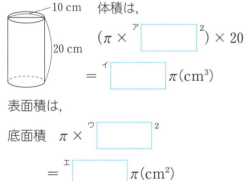

体積は，

$(\pi \times $ ア ☐ ²$) \times 20$

$= $ イ ☐ π (cm³)

表面積は，

底面積　$\pi \times $ ウ ☐ ²

$= $ エ ☐ π (cm²)

側面積　$20 \times (\pi \times $ オ ☐ $)$

$= $ カ ☐ π (cm²) より

キ ☐ $\pi \times 2 + $ ク ☐ π

$= $ ケ ☐ π (cm²)

(2) 半球

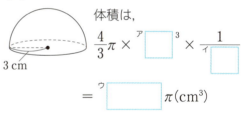

体積は，

$\dfrac{4}{3} \pi \times $ ア ☐ ³ $\times \dfrac{1}{\text{イ}\ \square}$

$= $ ウ ☐ π (cm³)

表面積は，

底面積（切り口の円）

$\pi \times $ エ ☐ ² $= $ オ ☐ π (cm²)

側面積（球の表面）

$4\pi \times $ カ ☐ ² $\times \dfrac{1}{\text{キ}\ \square}$

$= $ ク ☐ π (cm²) より

$9\pi + $ ケ ☐ $\pi = $ コ ☐ π (cm²)

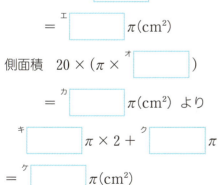
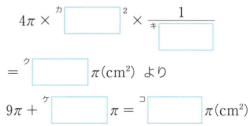

●練習問題1●

制限時間 **15**分　正答数　問／4問

1　次の影をつけた部分の面積を求めなさい。ただし，円周率は π とする。

(1)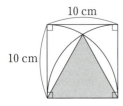

(2)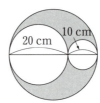

2　次の立体の体積と表面積を求めなさい。ただし，円周率は π とする。

(1) 下の展開図で示される円錐

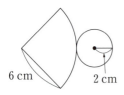

(2) 半球

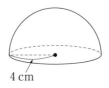

●●●チャレンジ問題●●●　── SPI 図形 ──

右のような図形を組み立ててできる立体はどれか。

A 　B 　C 　D

E 　F 　G 　H A～Gのいずれでもない

●練習問題2●

制限時間 **15**分　正答数　問／4問

1　次の影をつけた部分の面積を求めなさい。ただし，円周率は π とする。

(1)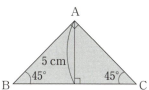

(2)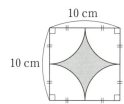

2　次の立体の体積と表面積を求めなさい。ただし，円周率は π とする。

(1) 三角柱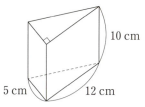

(2) 底面の半径 3 cm，高さ 4 cm の円錐

●●●チャレンジ問題●●● ── SPI 図形 ──

右のような半球の表面積を求めよ。ただし，円周率は π とする。

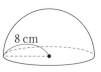

A　128π cm²　　B　156π cm²　　C　172π cm²　　D　192π cm²
E　196π cm²　　F　256π cm²　　G　320π cm²　　H　A〜Gのいずれでもない

復習 12　図形の面積・体積

13 三角比

1 三角比の定義・相互関係

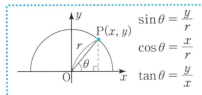

$\sin\theta = \dfrac{y}{r}$
$\cos\theta = \dfrac{x}{r}$
$\tan\theta = \dfrac{y}{x}$

・30°, 45°, 60° の三角比

θ	30°	45°	60°
$\sin\theta$	$\dfrac{1}{2}$	$\dfrac{1}{\sqrt{2}}$	$\dfrac{\sqrt{3}}{2}$
$\cos\theta$	$\dfrac{\sqrt{3}}{2}$	$\dfrac{1}{\sqrt{2}}$	$\dfrac{1}{2}$
$\tan\theta$	$\dfrac{1}{\sqrt{3}}$	1	$\sqrt{3}$

・三角比の相互関係
① $\tan\theta = \dfrac{\sin\theta}{\cos\theta}$
② $\sin^2\theta + \cos^2\theta = 1$
③ $1 + \tan^2\theta = \dfrac{1}{\cos^2\theta}$

・$90° - \theta$ の公式
① $\sin(90° - \theta) = \cos\theta$
② $\cos(90° - \theta) = \sin\theta$
③ $\tan(90° - \theta) = \dfrac{1}{\tan\theta}$

・$180° - \theta$ の公式
① $\sin(180° - \theta) = \sin\theta$
② $\cos(180° - \theta) = -\cos\theta$
③ $\tan(180° - \theta) = -\tan\theta$

例題 ① 三角比

$\sin 30° + \cos 60° - \tan 45°$ の値を求めなさい。

解 $\sin 30° = \dfrac{1}{2},\ \cos 60° = \dfrac{1}{2},\ \tan 45° = 1$ から,

$\sin 30° + \cos 60° - \tan 45°$
$= \dfrac{1}{2} + \dfrac{1}{2} - 1$
$= \mathbf{0}$ **答**

2 正弦定理・余弦定理・三角形の面積

・正弦定理
$\dfrac{a}{\sin A} = \dfrac{b}{\sin B} = \dfrac{c}{\sin C} = 2R$
(R は △ABC の外接円の半径)

・余弦定理
$a^2 = b^2 + c^2 - 2bc\cos A$
$b^2 = c^2 + a^2 - 2ca\cos B$
$c^2 = a^2 + b^2 - 2ab\cos C$

・三角形の面積
$S = \dfrac{1}{2}bc\sin A$
$S = \dfrac{1}{2}ca\sin B$
$S = \dfrac{1}{2}ab\sin C$

例題 ② 正弦定理・余弦定理・三角形の面積

(1) $a = \sqrt{2},\ A = 45°,\ B = 60°$ のときの b

解 $\dfrac{a}{\sin A} = \dfrac{b}{\sin B}$ より $\dfrac{\sqrt{2}}{\sin 45°} = \dfrac{b}{\sin 60°}$

すなわち $b = \dfrac{\sqrt{2}}{\sin 45°} \times \sin 60°$

よって $b = \sqrt{2} \div \sin 45° \times \sin 60°$
$= \sqrt{2} \div \dfrac{1}{\sqrt{2}} \times \dfrac{\sqrt{3}}{2}$
$= \sqrt{2} \times \dfrac{\sqrt{2}}{1} \times \dfrac{\sqrt{3}}{2} = \boldsymbol{\sqrt{3}}$ **答**

(2) $b = 3,\ c = 2,\ A = 60°$ のときの △ABC の面積 S

解 $S = \dfrac{1}{2}bc\sin A$ より

$S = \dfrac{1}{2} \times 3 \times 2 \times \sin 60°$
$= \dfrac{1}{2} \times 3 \times 2 \times \dfrac{\sqrt{3}}{2}$
$= \dfrac{\mathbf{3\sqrt{3}}}{\mathbf{2}}$ **答**

●確認問題●

1 次の問いに答えなさい。

(1) $\sin 60° + \cos 30° + \tan 60°$ の値を求めなさい。

$\sin 60° + \cos 30° + \tan 60°$

$= \dfrac{\text{ア}\boxed{}}{} + \dfrac{\sqrt{3}}{2} + \text{イ}\boxed{} = \text{ウ}\boxed{}$

(2) $\cos 50° - \sin 140° + \tan 45°$ を簡単にしなさい。

$\cos 50° = \cos(90° - \text{ア}\boxed{}°) = \sin \text{イ}\boxed{}°$

$\sin 140° = \sin(180° - \text{ウ}\boxed{}°) = \sin \text{エ}\boxed{}°$

$\tan 45° = \text{オ}\boxed{}$ から

$\cos 50° - \sin 140° + \tan 45°$

$= \sin \text{カ}\boxed{}° - \sin \text{キ}\boxed{}° + \text{ク}\boxed{} = \text{ケ}\boxed{}$

2 $\cos\theta = \dfrac{4}{5}$ のとき，$\sin\theta$ と $\tan\theta$ の値を求めなさい。ただし，θ は鋭角とする。

$\cos\theta = \dfrac{4}{5}$ を $\sin^2\theta + \cos^2\theta = 1$ に代入すると，$\sin^2\theta + \left(\dfrac{\text{ア}\boxed{}}{}\right)^2 = 1$

よって，$\sin^2\theta = 1 - \dfrac{\text{イ}\boxed{}}{} = \dfrac{\text{ウ}\boxed{}}{}$ 　　θ は鋭角だから，$\sin\theta \; \text{エ}\boxed{} \; 0$

↑不等号を記入

したがって，$\sin\theta = \dfrac{\text{オ}\boxed{}}{}$　また，$\tan\theta = \dfrac{\sin\theta}{\cos\theta} = \dfrac{\text{カ}\boxed{}}{} \div \dfrac{4}{5} = \dfrac{\text{キ}\boxed{}}{}$

3 $\triangle ABC$ において，$a = 2\sqrt{2}$，$c = 3$，$B = 45°$ のときの b の値を求めなさい。

$b^2 = c^2 + a^2 - 2ca\cos B$ より

$b^2 = 3^2 + (\text{ア}\boxed{})^2 - 2 \times \text{イ}\boxed{} \times 2\sqrt{2} \times \cos \text{ウ}\boxed{}°$

$= 9 + \text{エ}\boxed{} - 2 \times \text{オ}\boxed{} \times 2\sqrt{2} \times \dfrac{\text{カ}\boxed{}}{}$

$= 9 + \text{キ}\boxed{} - \text{ク}\boxed{} = \text{ケ}\boxed{}$

$b > 0$ なので，$b = \text{コ}\boxed{}$

●練習問題1●

制限時間 **15**分　正答数 問／5問

1　次の問いに答えなさい。

(1) $\sin 45° + \cos 135° - \cos 120°$ の値を求めなさい。

(2) $(\sin\theta + \cos\theta)^2 + (\sin\theta - \cos\theta)^2$ を簡単にしなさい。

ヒント　展開の公式と $\sin^2\theta + \cos^2\theta = 1$ を利用する

2　$\sin\theta = \dfrac{1}{\sqrt{5}}$ のとき，$\cos\theta$ と $\tan\theta$ の値を求めなさい。ただし，θ は鋭角とする。

3　△ABC において，次の値を求めなさい。

(1) $b = 6$, $B = 45°$, $C = 60°$ のときの c

(2) $a = 2$, $b = 5$, $C = 135°$ のときの △ABC の面積 S

●●●チャレンジ問題●●● ── SPI 図形 ──

$\sin 90° + \tan 45° \sin 60°$ の値を求めよ。

A $\dfrac{4+\sqrt{6}}{4}$　　B $\dfrac{4+\sqrt{2}}{4}$　　C $\dfrac{2+\sqrt{3}}{2}$　　D $\dfrac{1}{2}$

E $\dfrac{3}{2}$　　F $\dfrac{\sqrt{3}}{2}$　　G $\dfrac{\sqrt{6}}{4}$　　H A～Gのいずれでもない

● 練習問題2 ●

制限時間 **15**分 正答数 問／5問

1 次の問いに答えなさい。

(1) $\sin 135° \sin 60° + \cos 45°$ の値を求めなさい。

(2) $(\sin\theta)^2 + (\cos\theta - 1)(\cos\theta + 1)$ を簡単にしなさい。

2 $\sin\theta = \dfrac{12}{13}$ のとき，$\cos\theta$ と $\tan\theta$ の値を求めなさい。ただし，θ は鈍角とする。

3 △ABC において，次の値を求めなさい。

(1) $b = 2$，$A = 45°$，$C = 105°$ のときの R

(2) $a = 5$，$b = 3$，$C = 120°$ のときの c

●●●チャレンジ問題●●● ── SPI 図形 ──

$a = 7$，$b = 8$，$C = 120°$ のとき，△ABC の面積 S を求めよ。

A 14   B 28   C $14\sqrt{2}$ D $14\sqrt{3}$

E $28\sqrt{2}$ F $28\sqrt{3}$ G $56\sqrt{3}$ H A〜Gのいずれでもない

14 集合と要素・命題と証明

1 集合と要素

a が集合 A の要素であることを $a \in A$ と表す。

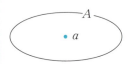

集合 A が集合 B の部分集合であることを $A \subset B$ と表す。

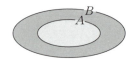

集合 A の補集合を $\overline{A}$ と表す。

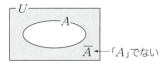

集合 A と集合 B の共通部分を $A \cap B$ と表す。

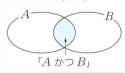

「A かつ B」

集合 A と集合 B の和集合を $A \cup B$ と表す。

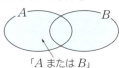

「A または B」

要素の個数について
① $n(A \cup B) = n(A) + n(B) - n(A \cap B)$
② $n(\overline{A}) = n(U) - n(A)$ が成り立つ。

集合は図をかいてイメージするといいよ。

例題 ① 集合の要素

$U = \{1, 2, 3, 4, 5, 6, 7, 8, 9\}$ を全体集合とし,$A = \{2, 4, 6, 8\}$,$B = \{3, 6, 9\}$ とするとき,次の集合の要素をかき並べて表しなさい。

(1) $A \cap B$
解 $A \cap B = \{6\}$ **答**

(2) $A \cup B$
解 $A \cup B = \{2, 3, 4, 6, 8, 9\}$ **答**

(3) $\overline{A}$
解 $\overline{A} = \{1, 3, 5, 7, 9\}$ **答**

(4) $\overline{A \cup B}$
解 $\overline{A \cup B} = \{1, 5, 7\}$ **答**

2 命題と証明

- 命題「$p \Longrightarrow q$」(p ならば q である)が正しいとき,「真である」という。
- 命題「$p \Longrightarrow q$」が正しくないとき,「偽である」という。
- p をみたすが q をみたさない例を反例という。

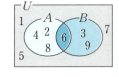

「$p \Longrightarrow q$」が真のとき
p は,q であるための 十分条件
q は,p であるための 必要条件
「$p \Longrightarrow q$」と「$q \Longrightarrow p$」がどちらも真のとき
p は q であるための必要十分条件

例題 ② 命題の真偽

命題「$x^2 = 4 \Longrightarrow x = 2$」の真偽を調べ,偽の場合には反例を示しなさい。

解 命題「$x^2 = 4 \Longrightarrow x = 2$」は偽であり,反例は $x = -2$ である。 **答**

例題 ③ 必要条件と十分条件

次の □ に,必要,十分のどちらが入るかを答えなさい。

n が偶数であることは,n が 6 の倍数であるための □ 条件である。

解 命題「n が 6 の倍数 $\Longrightarrow n$ が偶数」は真であるから,
n が偶数であることは,n が 6 の倍数であるための 必要 条件である。 **答**

● 確認問題 ●

1 $U = \{1, 2, 3, 4, 5, 6, 7, 8, 9\}$ を全体集合とし，$A = \{1, 3, 5, 7, 9\}$，$B = \{2, 4, 5, 7\}$ とするとき，次の集合の要素をかき並べて表しなさい。

(1) $A \cap B$

$A \cap B = \{$ ア□ , イ□ $\}$

(2) $\overline{A \cup B}$

$\overline{A \cup B} = \{$ ア□ , イ□ $\}$

2 20 以下の自然数の集合を全体集合とし，5 の倍数の集合を A とするとき，次の集合の要素の個数を求めなさい。

(1) $n(A)$

$A = \{5,$ ア□ $,$ イ□ $, 20\}$

だから

$n(A) =$ ウ□

(2) $n(\overline{A})$

$n(\overline{A}) = n(U) - n(A)$

$=$ ア□ $-$ イ□

$=$ ウ□

3 命題「$x^2 = 9 \implies x = 3$」の真偽を調べ，偽の場合には反例を示しなさい。

命題「$x^2 = 9 \implies x = 3$」は ア□ であり，反例は $x =$ イ□ である。

4 次の □ に，必要，十分，必要十分のうち最も適することばを答えなさい。

$5x - 10 = 0$ は $x = 2$ であるための □ 条件

命題「$5x - 10 = 0 \implies x = 2$」と，

「$x = 2 \implies 5x - 10 = 0$」はどちらも ア□ であるから，

$5x - 10 = 0$ は $x = 2$ であるための イ□ 条件である。

練習問題1

制限時間 **15分**　正答数 問／8問

1 $U = \{1, 2, 3, 4, 5, 6, 7, 8\}$ を全体集合とし，$A = \{1, 2, 3, 4, 5, 6\}$，$B = \{2, 4, 6, 7, 8\}$ とするとき，次の集合の要素をかき並べて表しなさい。

(1) $A \cap B$

(2) $A \cup B$

(3) $\overline{B}$

(4) $\overline{A \cap B}$

2 次の命題の真偽を調べ，偽の場合には反例を示しなさい。

(1) $-5 < x < 3 \implies -3 < x < 5$

(2) n は奇数 $\implies n$ は4の倍数でない

ヒント 「$p \implies q$」の真偽がわかりにくいとき，「q でない $\implies p$ でない」（対偶）の真偽と一致することを利用するとよい

3 次の □ に，必要，十分，必要十分のうち最も適することばを入れなさい。

(1) $x > 3$ は $x > 5$ であるための □ 条件

(2) 長方形は平行四辺形であるための □ 条件

●●●チャレンジ問題●●● ─── SPI 集合 ───

新発売のドーナツについて，340人を対象にアンケート調査を行った。右の表は，その集計結果である。なお，「味」，「見た目」ともに○と答えた人が74人いたことがわかっている。このとき，「味」，「見た目」ともに×と答えた人は何人か。

	○	×
味	202人	138人
見た目	166人	174人

ヒント 味が○の人を集合 A，見た目が○の人を集合 B として図をかいてみるとよい

A　12人　　B　24人　　C　33人　　D　46人
E　50人　　F　65人　　G　78人　　H　A～Gのいずれでもない

練習問題2

1 30以下の自然数の集合を全体集合 U とし，2の倍数の集合を A，5の倍数の集合を B とするとき，次の集合の要素の個数を求めなさい。

(1) $n(A)$

(2) $n(B)$

(3) $n(A \cup B)$

(4) $n(\overline{A \cup B})$

2 次の命題の真偽を調べ，偽の場合には反例を示しなさい。

(1) $x = -3 \implies x^2 + 4x + 3 = 0$

(2) △ABC が直角三角形 $\implies \angle A = 90°$

3 次の □ に，必要，十分，必要十分のうち最も適することばを入れなさい。

(1) 8の倍数であることは，4の倍数であるための □ 条件

(2) $x^2 > 9$ は $x > 3$ であるための □ 条件

●●●チャレンジ問題●●● ── SPI 命題と証明 ──

「サッカー選手は足が速い」が正しいとき，次のうち正しいものはどれか。

ア　サッカー選手でない人は足が速くない
イ　足が速い人はサッカー選手である
ウ　足が速くない人はサッカー選手でない

A　ア　　　B　イ　　　C　ウ　　　D　アとイ
E　アとウ　F　イとウ　G　アとイとウ　H　A〜Gのいずれでもない

15 場合の数と確率

1 和の法則と積の法則

和の法則	ことがら A の起こる場合が m 通り，ことがら B の起こる場合が n 通りあるとする。A と B が同時に起こらないとき，A または B が起こる場合の数は，$m + n$（通り）
積の法則	ことがら A の起こる場合が m 通りあり，それぞれについて，ことがら B の起こる場合が n 通りあるとき，A と B がともに起こる場合の数は，$m \times n$（通り）

例題 ❶ ── 積の法則

大小 2 個のさいころを同時に投げるとき，目の数の積が奇数になる場合が何通りあるか求めなさい。

解 目の数の積が奇数になるのは，大小 2 個のさいころの目の数がともに奇数の場合である。
大きいさいころの目の数が奇数になる場合は 3 通りあり，小さいさいころも 3 通りある。
よって，目の数の積が奇数になる場合の数は，$3 \times 3 = \mathbf{9}$（通り）である。**答**

2 順列・組合せ

順列の総数
異なる n 個のものから r 個取る順列の総数は
$$_nP_r = \underbrace{n(n-1)(n-2)\cdots(n-r+1)}_{r \text{個の積}}$$

組合せの総数
異なる n 個のものから r 個取る組合せの総数は
$$_nC_r = \frac{_nP_r}{r!} = \frac{n(n-1)(n-2)\cdots(n-r+1)}{r(r-1)\times\cdots\times 3 \times 2 \times 1}$$

例題 ❷ ── 順列・組合せ

(1) 1 から 7 までの整数から異なる 3 個の数字を選んでできる 3 けたの整数は全部で何個できるか求めなさい。

解 異なる 7 個のものから 3 個取る順列の総数だから，$_7P_3 = 7 \times 6 \times 5 = \mathbf{210}$（個）**答**
（7 からはじめて 3 個／3 個の積）

(2) 10 人の生徒の中から委員を 2 人選ぶとき，選び方は何通りあるか求めなさい。

解 異なる 10 個のものから 2 個取る組合せの総数だから，$_{10}C_2 = \dfrac{10 \times 9}{2 \times 1} = \mathbf{45}$（通り）**答**
（10 からはじめて 2 個／2 からはじめて 2 個）

3 確率

ことがら A が起こる確率
$$P(A) = \frac{A \text{が起こる場合の数}}{\text{起こりうるすべての場合の数}} = \frac{a}{N}$$

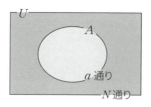

確率は，"0 から 1 までの数"で表されるよ。

例題 ❸ ── 確率

2 個のさいころを同時に投げるとき，出る目の数の和が 7 となる確率を求めなさい。

解 2 個のさいころの目の出方は，全部で $6 \times 6 = 36$（通り）
このうち，目の数の和が 7 となるのは，$(1, 6), (2, 5), (3, 4), (4, 3), (5, 2), (6, 1)$ の 6 通りである。
よって，求める確率は，$\dfrac{6}{36} = \dfrac{1}{6}$ **答**

● 確認問題 ●

1 大小2個のさいころを同時に投げるとき，次の場合の数を求めなさい。

(1) 目の数の和が6の倍数

目の数の和が6になる場合は ア□ 通りあり，

目の数の和が12になる場合は イ□ 通りある。

これら2つの場合は，同時に起こることはないから，目の数の和が6の倍数になる場合の数は

ウ□ + エ□ = オ□（通り）である。

(2) 目の数がともに偶数

大きいさいころの目の数が偶数になる場合は ア□ 通りあり，

小さいさいころも イ□ 通りある。

よって，目の数がともに偶数になる場合の数は，

ウ□ × エ□ = オ□（通り）である。

2 リレーの選手が4人いる。第1走者から，第4走者までの順番の決め方は何通りあるか求めなさい。

異なる ア□ 個のものから

イ□ 個取る順列の総数だから，

ウ□P エ□ = 4 × 3 × 2 × 1

= オ□（通り）

3 3本の当たりくじを含む10本のくじの中から同時に2本のくじを引くとき，2本とも当たりくじである確率を求めなさい。

10本のくじの中から2本引く組合せの総数は，

ア□C イ□ = $\frac{10 \times 9}{2 \times 1}$ = ウ□（通り）

このうち，当たりくじ3本の中から2本引く組合せの総数は，

エ□C オ□ = $\frac{3 \times 2}{2 \times 1}$ = カ□（通り）

よって，求める確率は，

$\frac{3}{キ□}$ = ク□

●練習問題1●

制限時間 **15**分　　正答数　問／6問

1 大小2個のさいころを同時に投げるとき，次の場合の数を求めなさい。

(1) 目の数の積が12

(2) 目の数の和が10以上

2 次の問いに答えなさい。

(1) 1，2，3，4，5の5個の数字から異なる3個を取って並べた3けたの整数のうち，5の倍数はいくつあるか求めなさい。

ヒント 5の倍数になるのは，一の位が5のときである

(2) 円周上に7つの点をとったとき，そのうちの3点を頂点とする三角形はいくつできるか求めなさい。

ヒント 7つの点から3つの点を選ぶ組合せを考えればよい

3 次の問いに答えなさい。

(1) 2個のさいころを同時に投げるとき，目の数の和が8になる確率を求めなさい。

(2) 赤玉3個と白玉2個が入っている箱の中から2個の玉を取り出すとき，白玉が2個出る確率を求めなさい。

●●●チャレンジ問題●●● ── SPI 順列 ──

赤，黄，青，白，緑，紫の6種類の花が1本ずつ売られている。この中から3本を選んで花束をつくるとき，選び方は何通りあるか。

A 18通り　　B 20通り　　C 24通り　　D 30通り
E 60通り　　F 90通り　　G 120通り　　H A〜Gのいずれでもない

● 練習問題2 ●

制限時間 **15分**　正答数 問／6問

1 次の問いに答えなさい。

(1) 英語の参考書が5冊，数学の参考書が4冊ある。英語と数学各1冊ずつを選んでセットを作るとき，何通りの作り方ができるか求めなさい。

(2) ある公園に6つの門がある。いま，この公園の任意の門から他の門へ通り抜けるには，何通りの方法があるか求めなさい。

2 次の問いに答えなさい。

(1) 男5人，女4人を1人おきに1列に並べるとき，その並べ方は何通りあるか求めなさい。

ヒント 男5人を並べて，その間に女4人を入れればよい

(2) 図の中に長方形はいくつあるか求めなさい。

ヒント 縦5本から2本，横4本から2本を選べばよい

3 次の問いに答えなさい。

(1) 2本の当たりくじを含む5本のくじの中から同時に2本のくじを引くとき，少なくとも1本が当たりくじである確率を求めなさい。

ヒント （少なくとも1本当たる確率）
　　　＝1－（2本ともはずれくじの確率）

(2) 白玉5個と赤玉2個が入っている袋の中から，玉を3個取り出すとき，白玉2個と赤玉1個である確率を求めなさい。

●●●チャレンジ問題●●● ── SPI 確率 ──

12本のうち3本が当たりであるくじがある。このくじを2本同時に引くとき，2本とも当たる確率を求めよ。

A $\dfrac{1}{66}$　　B $\dfrac{1}{40}$　　C $\dfrac{1}{33}$　　D $\dfrac{1}{22}$

E $\dfrac{1}{10}$　　F $\dfrac{1}{4}$　　G $\dfrac{1}{3}$　　H A～Gのいずれでもない

16 表の読み取り・資料の整理

1 平均値, 中央値, 最頻値

$$(平均値) = \frac{(データの値の合計)}{(全体の度数)}$$

中央値(メジアン)…データを小さい順に並べたときの中央の値
最頻値(モード)…度数の最も大きいデータの階級値

例題 ❶   平均値・中央値

下のデータは, ある高校の男子バスケットボール部員4人について, 身長を示したものである。次の問いに答えなさい。

172　175　180　181　(cm)

(1) 平均値を求めなさい。

解　$(平均値) = \frac{172 + 175 + 180 + 181}{4}$
　　　　　　$= \mathbf{177(cm)}$　答

(2) 中央値を求めなさい。

解　データが偶数個なので,
　　中央値は, 175と180の平均値となる。
　　$\frac{175 + 180}{2} = \frac{355}{2} = \mathbf{177.5(cm)}$　答

例題 ❷   最頻値

次の表は, ある靴店で1か月に売れたスニーカー122足のサイズとその個数を示したものである。スニーカーのサイズの最頻値を求めなさい。

サイズ(cm)	22.0	22.5	23.0	23.5	24.0	24.5	25.0	25.5	26.0	26.5	27.0	計
個数(足)	1	4	4	6	9	16	23	20	17	15	7	122

解　最も大きい度数は23だから, 最頻値は **25.0(cm)**　答

2 表の読み取り

・数値と割合を変換する必要がある問題では, 単位に注意する。
・求める必要のない計算を省略することで効率的に解く。

例題 ❸   表の読み取り

右の表は, 営業部員W, X, Y, Zさんの10月から3月までの売上(単位:万円)を表したものである。次の問いに答えなさい。

(1) 11月と2月を合わせた売上が最も高かったのは誰で, その売上はいくらだったか求めなさい。

	10月	11月	12月	1月	2月	3月
Wさん	110	70	80	65	90	110
Xさん	90	90	100	100	120	125
Yさん	80	125	140	100	80	140
Zさん	50	60	69	71	90	120

解　Wさんは, 70 + 90 = 160(万円)
　　Xさんは, 90 + 120 = 210(万円)
　　Yさんは, 125 + 80 = 205(万円)
　　Zさんは, 60 + 90 = 150(万円)
　　よって, 最も高かったのは, Xさんで **210万円**。　答

(2) Yさんの2月における前月に対する売上の減少率を求めなさい。

解　$\frac{(2月の売上) - (1月の売上)}{(1月の売上)} = \frac{80 - 100}{100} = -0.2$
　　よって, 減少率は, **20 %**　答

● 確認問題 ●

1 下のデータは，ある高校の男子 11 人について，ハンドボール投げの記録を示したものである。次の問いに答えなさい。

24 20 33 30 26 32 23 24 30 29 26 (m)

(1) 平均値を求めなさい。

$$\frac{24+20+33+30+26+\boxed{\text{ア}}+23+24+30+29+26}{\boxed{\text{イ}}}$$

$$=\frac{\boxed{\text{ウ}}}{11}=\boxed{\text{エ}}\text{ (m)}$$

(2) 中央値を求めなさい。

データを小さい順に並べると，

20 23 $\boxed{\text{ア}}$ 24 26 $\boxed{\text{イ}}$ 29 30 $\boxed{\text{ウ}}$ $\boxed{\text{エ}}$ 33 (m)

データが奇数個なので，中央値は，$\boxed{\text{オ}}$ m

2 次の表は，ある帽子店で 1 か月に売れた帽子 120 個のサイズとその個数を示したものである。帽子のサイズの最頻値を求めなさい。

サイズ(cm)	52	53	54	55	56	57	58	計
個数(個)	4	12	20	28	32	19	5	120

最も大きい度数は $\boxed{\text{ア}}$ だから，

最頻値は $\boxed{\text{イ}}$ cm

3 右の表は，企業 A，B，C の年代別の社員の割合を表したものである。次の問いに答えなさい。

	10代	20代	30代	40代	50代	60代	合計
企業A	20%	10%	40%	20%	5%	5%	360人
企業B	8%	40%	35%		4%	1%	200人
企業C	5%	15%	20%	30%	25%	5%	160人

(1) 企業 A の 30 代の社員の人数は，企業 C の 30 代の社員の人数の何倍か求めなさい。

30 代の社員の人数は，それぞれ

企業 A：$360 \times 0.4 = \boxed{\text{ア}}$（人）　　企業 C：$160 \times 0.2 = \boxed{\text{イ}}$（人）

よって，$\boxed{\text{ウ}} \div \boxed{\text{エ}} = \boxed{\text{オ}}$（倍）

(2) 企業 B の 40 代の社員の人数は何人か求めなさい。

企業 B の 40 代の社員の割合は

$100-(8+40+35+4+1)=\boxed{\text{ア}}$（%）

よって，企業 B の 40 代の社員の人数は，$200 \times 0.\boxed{\text{イ}} = \boxed{\text{ウ}}$（人）

● 練習問題1 ●

制限時間 **15**分　正答数 問／5問

1 下のデータは，8人の生徒の数学のテストの得点である。次の問いに答えなさい。
　　63　57　79　58　64　68　57　82　（点）

(1) 平均値を求めなさい。

(2) 中央値を求めなさい。

2 右の表は，ある店で1週間に売れた子供服の販売数をサイズ別に表したものである。このデータの最頻値を求めよ。

サイズ(cm)	90	100	110	120	130	140	150	160	計
販売数	27	31	29	24	43	26	38	12	230

3 チェーンレストランの甲店，乙店，丙店は食材を一括して1つの業者から仕入れている。右の表は各食材について，各店がどれだけの割合で仕入れているかを示したものである。次の問いに答えなさい。

	肉類	魚介類	野菜類	乳製品
甲店	30 %			
乙店				20 %
丙店	40 %		20 %	
合計	200 kg	400 kg		200 kg

(1) 甲店の肉類の仕入れ量は，乙店の乳製品の仕入れ量の何倍か求めなさい。

(2) 丙店の野菜類の仕入れ量が乙店の肉類の仕入れ量と同じとき，3店舗合わせた野菜類の仕入れ量は何 kg か求めなさい。

●●●チャレンジ問題●●●　── SPI 表の読み取り ──

卒業写真を撮る場所をアンケート調査で決める。右の表は，撮りたい場所別に男子・女子の割合を表したものである。ただし，アンケートに答えなかった生徒はいないとする。最も希望が多い場所で写真を撮るとすると，それはどこで，何人の生徒が選んだか。

	池	校庭	校門	合計
男子	40 %	35 %	25 %	180人
女子	35 %		25 %	140人

A　池・108人　　B　池・115人　　C　池・121人
D　校庭・110人　E　校庭・119人　F　校庭・125人
G　校門・107人　H　A〜Gのいずれでもない

練習問題 2

制限時間 **15分**　正答数　問／4問

1 ある資格試験を 48 人が受験した。受験者数は前回より 6 人増え，受験者の総得点は，前回と同じであった。前回の受験者の平均点が 64 点であったとき，今回の受験者の平均点は何点か求めなさい。

ヒント　(平均値)×(データ数)＝(データの合計)を利用する

2 右の表は，あるクラスの男子 20 人が腹筋運動を 30 秒間行ったときの回数をまとめた結果である。このデータの最頻値を求めなさい。

回数	22	23	24	25	26	27	28	29	30	31	計
人数	2	0	1	2	2	7	3	1	0	2	20

3 A 市，B 市，C 市の人口と人口密度を調べると，右の表のようになった。また，A 市の面積は B 市の面積の 3 倍であり，B 市の面積は C 市の面積の $\dfrac{1}{4}$ であることがわかっている。次の問いに答えなさい。

	A 市	B 市	C 市
人口（人）			64000
人口密度（人/km²）		750	

(1) B 市の面積が 40 km² のとき，C 市の人口密度を求めなさい。

(2) (1)のとき，A 市の人口密度が B 市の人口密度の $\dfrac{1}{5}$ であるとすると，A 市の人口は何人か求めなさい。

●●●チャレンジ問題●●● ── SPI 表の読み取り ──

Q 社には 2 つの工場 a，b がある。この 2 つの工場で 3 つの製品 I，II，III を生産する。3 つの製品について，2 つの工場の 1 日あたりの生産量と，1 t あたりの利益は，右の表のようになる。各工場は 1 日にそれぞれ別の 1 つの製品しか生産できないとして，Q 社にとって最も利益の出る工場と製品の組み合わせを答えよ。

	工場 a	工場 b	利益
製品 I	5 t/日	6 t/日	3 万円/t
製品 II	8 t/日	7 t/日	2 万円/t
製品 III	5 t/日	5 t/日	4 万円/t

A　a：I　b：II　　B　a：I　b：III　　C　a：II　b：I　　D　a：II　b：III
E　a：III　b：I　　F　a：III　b：II　　G　A〜F のいずれでもない

17 さまざまな問題①

1 距離，速さ，時間の関係

（距離）＝（速さ）×（時間）　　（速さ）＝（距離）÷（時間）　　（時間）＝（距離）÷（速さ）

例題 ①　　　　　　　　　　　　　　　　　　　　　　　　距離・速さ・時間

家から 1600 m 離れた学校へ行く途中に図書館がある。家から図書館までは，900 m ある。P さんは，家から図書館までは分速 60 m で，図書館から学校までは分速 70 m で歩いた。次の問いに答えなさい。

(1) 家から学校まで行くのに何分かかったか求めなさい。

解 （時間）＝（距離）÷（速さ）より，

家から図書館までにかかった時間は，
（家から図書館までの距離）÷（家から図書館までの分速）
＝ 900 ÷ 60 ＝ 15（分）

図書館から学校までにかかった時間は，
（図書館から学校までの距離）÷（図書館から学校までの分速）
＝ (1600 − 900) ÷ 70
＝ 700 ÷ 70
＝ 10（分）

よって，家から学校までにかかった時間は，15 ＋ 10 ＝ **25**（分）　答

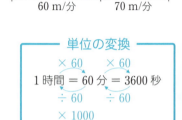

単位の変換

$1\,時間 = 60\,分 = 3600\,秒$ （×60，×60／÷60，÷60）

$1\,km = 1000\,m$ （×1000／÷1000）

(2) P さんの平均の速さは，分速何 m か求めなさい。

解 （平均の速さ）＝（家から学校までの距離）÷（家から学校までの時間）
＝ 1600 ÷ 25 ＝ **64**（m/分）　答

2 濃度算

食塩水の基本関係

$(濃度)\% = \dfrac{(食塩の量)}{(食塩水の量)} \times 100$　　　$(食塩の量) = (食塩水の量) \times \dfrac{(濃度)\%}{100}$

水や食塩を加える問題
他の食塩水を混ぜる問題
⇩
食塩の量を考え，方程式をつくる。

例題 ②　　　　　　　　　　　　　　　　　　　　　　　　濃度算

4 % の食塩水が 100 g ある。これに 10 % の食塩水を 200 g 加えて混ぜた。このとき，食塩水の濃度は何 % になるか求めなさい。

解

	4 % の食塩水	10 % の食塩水	混ぜてできた食塩水
食塩水の量(g)	100	200	100 ＋ 200 ＝ 300
食塩の量(g)	$100 \times \dfrac{4}{100} = 4$	$200 \times \dfrac{10}{100} = 20$	4 ＋ 20 ＝ 24

⇐ 表にまとめるとわかりやすい！

よって，できた食塩水の濃度は

$\dfrac{24}{300} \times 100 = \mathbf{8}\,(\%)$　答

● 確認問題 ●

1 5 km 離れたとなり町まで往復するのに,行きは 10 km/時,帰りは 6 km/時で進んだ。往復したときの平均の速さは何 km/時か求めなさい。

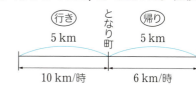

(時間) = (距離) ÷ (速さ) より,

行きにかかった時間は,

$5 \div \boxed{\text{ア}} = \dfrac{5}{\boxed{\text{イ}}} = \dfrac{1}{\boxed{\text{ウ}}}$ (時間)

帰りにかかった時間は,

$5 \div \boxed{\text{エ}} = \dfrac{5}{\boxed{\text{オ}}}$ (時間)

(平均の速さ) = (往復の距離) ÷ (往復するのにかかった時間) より,

$5 \times 2 \div \left(\dfrac{1}{\boxed{\text{カ}}} + \dfrac{5}{\boxed{\text{キ}}} \right)$

$= 10 \div \dfrac{\boxed{\text{ク}}}{3} = \dfrac{\boxed{\text{ケ}}}{2} = 7.5 \,(\text{km/時})$

2 10 % の食塩水 300 g に食塩を加えて 20 % の食塩水にしたい。食塩を何 g 加えたらよいか求めなさい。

加える食塩の量を x g とする。

	10 % の食塩水	食塩	混ぜてできた食塩水
食塩水の量(g)	300	x	$300 + x$
食塩の量(g)	$300 \times \dfrac{\boxed{\text{ア}}}{100} = \boxed{\text{イ}}$	x	$\boxed{\text{ウ}} + x$

混ぜてできた食塩水は濃度が 20 % なので

$\dfrac{\boxed{\text{エ}} + x}{300 + x} \times 100 = 20$

$100(\boxed{\text{オ}} + x) = 20(300 + x)$

$\boxed{\text{カ}} + 100x = 6000 + 20x$

$\boxed{\text{キ}} x = \boxed{\text{ク}}$

$x = \boxed{\text{ケ}}$ (g)

●練習問題1●

制限時間 **15**分　　正答数　問／2問

1 Aさんが地点XとYの間を，行きは時速6km，帰りは時速3kmの速さで歩いたら，往復で2時間かかった。XとYの間の距離は何kmか求めなさい。　　**ヒント** XとYの間の距離を$x$kmとして考える

2 10％の食塩水が600gある。これに5％の食塩水を400g加えて混ぜた。このとき，食塩水の濃度は何％になるか求めなさい。

●●●**チャレンジ問題**●●●　── SPI 距離，速さ，時間 ──

ハイキングで登山口から山頂まで8kmの道のりを往復した。登山口から3km/時で登り，山頂で1時間20分休憩して，山頂から4km/時で下りた。登山口を出発して，再び登山口に戻ってくるまでに何時間何分かかったか。

A　4時間40分　　B　5時間　　C　5時間20分　　D　5時間30分
E　5時間40分　　F　6時間　　G　6時間20分　　H　A〜Gのいずれでもない

練習問題2

制限時間 **15分**

正答数 問／2問

1 A市から峠を越えて13km離れたB町へ行くのに，A市から峠までは時速3km，峠からB町までは時速4kmの速さで歩くと，全体で3時間40分かかる。峠からB町までの距離は何kmか求めなさい。

ヒント：3時間40分は $3 + \frac{2}{3} = \frac{11}{3}$ 時間と表すことができる

復習 17 さまざまな問題①

2 5％の食塩水500gがある。この食塩水を8％の食塩水にするには，何gの水を蒸発させればよいか。

●●●チャレンジ問題●●● ── SPI濃度算 ──

10％の食塩水200gに，水を300g加えると，何％の食塩水ができるか。

A 2％   B 3％   C 4％   D 5％
E 6％   F 7％   G 8％   H A～Gのいずれでもない

18 さまざまな問題②

1 不等式と領域

1次関数や2次関数をグラフで表し，そのグラフを境界として，不等式が示す領域の場所を考える。

例題 ❶ ─── 不等式と領域

$y > x^2 - 1$ と $y < x + 1$ を同時に満たす領域を図示しなさい。

解 放物線 $y = x^2 - 1$ ……①と
直線 $y = x + 1$ ……②を境界線として，
①より上側かつ②より下側の部分。

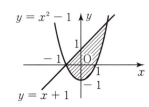

図の斜線部分。
ただし，境界線
を含まない。**答**

2 数列

隣り合う2つの数の差や比に注目する。
逆数，2乗，分数の分母と分子を考えると，規則性がわかることもある。

例題 ❷ ─── 数列

次の □ に適する数字を答えなさい。

(1) 6, 11, 16, 21, 26, □ , 36

解 5ずつ増えるという規則なので，
  $26 + 5 = 31$ **答**

(2) $1, \dfrac{1}{2}, \dfrac{1}{4}, \dfrac{1}{8}, \dfrac{1}{16},$ □ $, \dfrac{1}{64}$

解 $\dfrac{1}{2}$ 倍するという規則なので，
  $\dfrac{1}{16} \times \dfrac{1}{2} = \dfrac{1}{32}$ **答**

3 対数

a を1でない正の数，M を正の数とするとき，
$M = a^P \iff \log_a M = P$

例題 ❸ ─── 対数

$\log_4 8$ の値を求めなさい。

解 $\log_4 8 = x$ とおくと，
  $8 = 4^x$
  $2^3 = (2^2)^x$
  $2^3 = 2^{2x}$

よって，$3 = 2x$ から $x = \dfrac{3}{2}$ したがって $\log_4 8 = \dfrac{3}{2}$ **答**

$1 = a^0$ から
① $\log_a 1 = 0$
$a = a^1$ から
② $\log_a a = 1$

$M > 0, N > 0$ で K が実数のとき，
③ $\log_a(M \times N) = \log_a M + \log_a N$
④ $\log_a\left(\dfrac{M}{N}\right) = \log_a M - \log_a N$
⑤ $\log_a M^K = K \log_a M$

対数の性質も合わせて覚えよう！

● 確認問題 ●

1 次の図の領域を表す不等式を求めなさい。ただし，境界線は含まないものとする。

(1)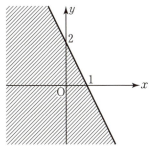

図の領域は，境界線が直線

$y = {}^{ア}\boxed{} x + {}^{イ}\boxed{} \cdots\cdots①$ で

あり，①に対して ${}^{ウ}\boxed{}$ 側である。

ヒント 上側か下側か

よって，$y {}^{エ}\boxed{} - 2x + {}^{オ}\boxed{}$

↑不等号を記入

(2)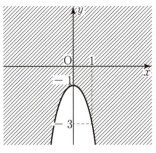

図の領域は，境界線が放物線

$y = {}^{ア}\boxed{} x^2 - {}^{イ}\boxed{} \cdots\cdots①$

であり，①に対して ${}^{ウ}\boxed{}$ 側である。

ヒント 上側か下側か

よって，$y {}^{エ}\boxed{} - 2x^2 - {}^{オ}\boxed{}$

↑不等号を記入

2 次の $\boxed{}$ に適する数を答えなさい。

(1) 3, 4, 6, 9, 13, 18, $\boxed{}$, 31

増え方が 1, 2, ${}^{ア}\boxed{}$, ${}^{イ}\boxed{}$,

5, 6, 7 となる規則なので，

$18 + {}^{ウ}\boxed{} = {}^{エ}\boxed{}$

(2) $\dfrac{1}{3}$, $\dfrac{2}{9}$, $\boxed{}$, $\dfrac{8}{81}$

分子は ${}^{ア}\boxed{}$ 倍，分母は ${}^{イ}\boxed{}$

倍するという規則なので，

$\dfrac{2}{9} \times {}^{ウ}\boxed{\vphantom{\dfrac{}{}}} = {}^{エ}\boxed{\vphantom{\dfrac{}{}}}$

3 次の値を求めなさい。

$\log_8 32$

$\log_8 32 = x$ とおくと

${}^{ア}\boxed{} = {}^{イ}\boxed{}{}^x$

$2^{{}^{ウ}\boxed{}} = (2^{{}^{エ}\boxed{}})^x$

$2^{{}^{オ}\boxed{}} = 2^{{}^{カ}\boxed{}\,x}$

よって，${}^{キ}\boxed{} = {}^{ク}\boxed{} x$ から

$x = {}^{ケ}\boxed{\vphantom{\dfrac{}{}}}$

したがって，$\log_8 32 = {}^{コ}\boxed{\vphantom{\dfrac{}{}}}$

●練習問題1●

制限時間 **15**分 ／ 正答数 問／5問

1 $y > -\frac{1}{4}x^2 + 2$ と $y < \frac{1}{2}x$ を同時に満たす領域を図示しなさい。

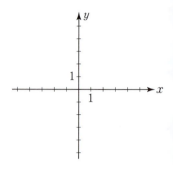

2 次の □ に適する数を答えなさい。

(1) 0, 3, 8, 15, □ , 35, 48

(2) 1, 2, 3, □ , 3, 4, 3, 4, 5

ヒント 3つずつ区切って規則を考える

3 次の値を求めなさい。
$\log_8 16$

4 次の計算をしなさい。
$\log_2 6 - \log_2 \frac{3}{4}$

●●●チャレンジ問題●●●　――― SPI 不等式と領域 ―――

右の図の領域を表す不等式はどれか。（境界線は含まないものとする）

A　$y < -x^2 - 4$　　B　$y > -x^2 - 4$　　C　$y < x^2 + 4$
D　$y > x^2 + 4$　　E　$y < -x^2 + 4$　　F　$y > -x^2 + 4$
G　$y < x^2 - 4$　　H　A〜Gのいずれでもない

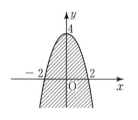

練習問題2

 1 次の図の領域を表す不等式を求めなさい。ただし，境界線は含まないものとする。

(1)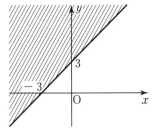

(2)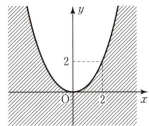

2 次の ☐ に適する数を答えなさい。

(1) 4, ☐, 14, 22, 32

(2) 1, 1, 2, 3, 5, ☐, 13, 21

ヒント 隣り合う2つの数をたすと次の数になる

3 次の値を求めなさい。

$\log_9 27$

4 次の計算をしなさい。

$3\log_3 2 - \log_3 24$ ヒント $\log_a M^k = k\log_a M$

●●●チャレンジ問題●●● — SPI 数列 —

右の図のように，1辺が 2 cm の正方形の紙を重ね合わせてのりづけし，テープを作る。正方形の紙を 100 枚用いるとき，テープの長さを求めよ。

A $100\sqrt{2}$ cm   B $101\sqrt{2}$ cm   C $200\sqrt{2}$ cm   D $201\sqrt{2}$ cm

E $202\sqrt{2}$ cm   F 100 cm   G A〜Fのいずれでもない

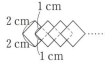

★達成度確認テスト1

1 次の計算をしなさい。（各5点×2＝10点）

(1) $(10 + 20 \div 5) - 4^2 \div 8$

(2) $3\dfrac{2}{7} - 1\dfrac{3}{5}$

2 ある高校の生徒は，A市，B市，C町から通っており，A市，B市から通っている生徒はそれぞれ，全体の45％，40％である。C町から通っている生徒が36人のとき，この高校の生徒は何人であるか求めなさい。（5点）

3 次の計算をしなさい。（各5点×2＝10点）

(1) $3x^3 \times (-2x)^2$

(2) $\left(\dfrac{bc^2}{-2a}\right)^3$

4 次の式を因数分解しなさい。（各5点×2＝10点）

(1) $8x^2y^2 + 18xy^2$

(2) $6x^2 + x - 2$

5 次の数の分母を有理化しなさい。（各 5 点 × 2 = 10 点）

(1) $\dfrac{5}{3\sqrt{5}}$

(2) $\dfrac{4}{\sqrt{7}-\sqrt{5}}$

6 次の方程式・不等式を解きなさい。（各 5 点 × 4 = 20 点）

(1) $2(x-3)+1=3x-7$

(2) $\begin{cases} 3x+y=9 \\ 2x-3y=-5 \end{cases}$

(3) $2x^2-x-4=0$

(4) $\begin{cases} 5x+3 \leqq 18 \\ 2x-8 < 5x-2 \end{cases}$

7 放物線 $y=-x^2-3x+6$ と直線 $y=2x-8$ との交点の座標を求めなさい。（5 点）

8 右の図で，$l \mathbin{/\mkern-2mu/} m$ のとき $\angle x$ の大きさを求めなさい。（5 点）

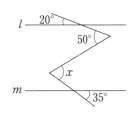

9 右の円錐の体積と表面積を求めなさい。ただし，円周率は π とする。
（5点）

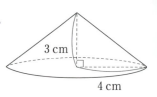

10 $\sin 120° - \cos 150° - \tan 60°$ の値を求めなさい。（5点）

11 次の問いに答えなさい。（各5点 × 2 ＝ 10点）

(1) 1から8までの整数から異なる3個の数字を選んでできる3けたの整数は全部で何個できるか求めなさい。

(2) 赤玉5個と白玉3個が入っている箱の中から2個の玉を取り出すとき，白玉が2個出る確率を求めなさい。

12 家から1800m離れた学校へ行くのに分速60mで歩いていたが，遅刻しそうになったので，途中から分速110mで走って行き，25分で学校に着いた。走った距離は何mか求めなさい。

（5点）

★達成度確認テスト2

1 次の計算をしなさい。（各5点×2＝10点）

(1) $\{24 \div (15 - 3^2) + 16\} \div (-2)^2$

(2) $6.15 - 2.768$

2 ある高校のバスケットボール部の今年度の部員数は，昨年度より5％増加し63人になった。このとき，昨年度の部員数を求めなさい。（5点）

3 次の式を展開しなさい。（各5点×2＝10点）

(1) $(x - 6)(x + 8)$

(2) $(3x + 2)^2$

4 次の式を因数分解しなさい。（各5点×2＝10点）

(1) $9x^2 - 64$

(2) $4x^2 + 5x - 6$

5 次の数の分母を有理化しなさい。（各 5 点 × 2 = 10 点）

(1) $\dfrac{5}{2\sqrt{5}}$ 　　　　　　　　　(2) $\dfrac{2+\sqrt{3}}{2-\sqrt{3}}$

6 次の方程式・不等式を解きなさい。（各 5 点 × 4 = 20 点）

(1) $4x - 3 = 2(3x + 1) + 5$ 　　　　(2) $\begin{cases} 2x = -4y + 2 \\ 3x + 5y = 1 \end{cases}$

(3) $3x^2 + 7x + 3 = 0$ 　　　　　　(4) $-x^2 - 5x + 36 < 0$

7 $y = -x^2$ のグラフを，頂点が点 $(2, -6)$ になるように平行移動した放物線の式を求めなさい。（5 点）

8 右の図で，$\angle x$ の値を求めなさい。（5 点）

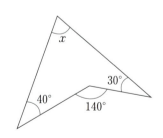

9 右の図の斜線部分の面積を求めなさい。ただし，円周率は π とする。（5点）

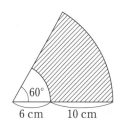

10 $\sin 160° - \cos 70° - \tan 45°$ を簡単にしなさい。（5点）

11 次の問いに答えなさい。（各5点×2＝10点）

(1) a, b, c, d の4人を一列に並べる方法は何通りあるか。

(2) 大小2個のさいころを同時に投げて，出た目の差が3になる確率を求めよ。

12 14％の食塩水と6％の食塩水を混ぜ合わせ8％の食塩水 100 g を作るには，それぞれ何 g ずつ必要か求めなさい。（5点）

	表紙デザイン――
	エッジ・デザインオフィス
	本文基本デザイン――
完全攻略　高校生の基礎数学トレーニング	DESIGN＋SLIM　　松　利江子

- ●編　者――実教出版編修部
- ●発行者――小田　良次
- ●印刷所――共同印刷株式会社

●発行所――実教出版株式会社

〒102-8377
東京都千代田区五番町5
電話〈営業〉(03) 3238-7777
　　〈編修〉(03) 3238-7332
　　〈総務〉(03) 3238-7700
https://www.jikkyo.co.jp/

002402018　　　　　　　ISBN 978-4-407-34780-7

完全攻略　高校生の基礎数学トレーニング　解答・解説

1 数の計算

本冊 p.3〜p.5

● 確認問題 ● p.3

1

(1) $48 \div 6 + 7 \times (-1)$ ⇐ 乗法・除法を先に計算
 $= \boxed{\overset{\text{ア}}{8}} + (-7)$
 $= \boxed{\overset{\text{イ}}{1}}$

(2) $3 \times (11-4) - 6$ ⇐ ( )の中を先に計算
 $= 3 \times \boxed{\overset{\text{ア}}{7}} - 6$
 $= \boxed{\overset{\text{イ}}{21}} - 6$
 $= \boxed{\overset{\text{ウ}}{15}}$

(3) $-12 \div (3 + 12 \div 2^2)$ ⇐ 累乗を先に計算
 $= -12 \div (3 + 12 \div \boxed{\overset{\text{ア}}{4}})$
 $= -12 \div (3 + \boxed{\overset{\text{イ}}{3}})$
 $= -12 \div \boxed{\overset{\text{ウ}}{6}}$
 $= \boxed{\overset{\text{エ}}{-2}}$

(4) $\{10 \div (2^3 - 3) + (-4)^2\} \times 7$ ⇐ 累乗を先に計算
 $= \{10 \div (\boxed{\overset{\text{ア}}{8}} - 3) + \boxed{\overset{\text{イ}}{16}}\} \times 7$
 $= (10 \div 5 + \boxed{\overset{\text{ウ}}{16}}) \times 7$
 $= (2 + \boxed{\overset{\text{エ}}{16}}) \times 7$ ⇐ ( )の中を計算する
 $= 18 \times 7$
 $= \boxed{\overset{\text{オ}}{126}}$

ポイント
累乗→かっこ→乗除→加減の順番に計算する。

2

```
      4 3
 ×   ａｂ
    ｃｄ 1
    あ 6
   ｅｆい 1
```

$3 \times \boxed{b} = \boxed{}1$ なので，
$\boxed{b}$ には $\boxed{\overset{\text{ア}}{7}}$ が入る。
よって，$\boxed{d}$ には $\boxed{\overset{\text{イ}}{0}}$，
$\boxed{c}$ には $\boxed{\overset{\text{ウ}}{3}}$ が入る。
$3 \times \boxed{a} = \boxed{}6$ なので，
$\boxed{a}$ には $\boxed{\overset{\text{エ}}{2}}$ が入る。
したがって，
$\boxed{あ}$ には $\boxed{\overset{\text{オ}}{8}}$，
$\boxed{い}$ には $\boxed{\overset{\text{カ}}{6}}$ が入る。

3

$\dfrac{5}{16} \div \dfrac{3}{8}$
$= \dfrac{5}{16} \times \boxed{\overset{\text{ア}}{\dfrac{8}{3}}}$ ⇐ わる数を逆数にしてかけ算にする
$= \dfrac{5 \times \boxed{\overset{\text{イ}}{8}}}{16 \times 3}$ ⇐ 約分してから分子と分母をそれぞれ計算する
$= \boxed{\overset{\text{エ}}{\dfrac{5}{6}}}$

● 練習問題1 ● p.4

1

(1) $8 \times (-2) + 54 \div 3$
 $= -16 + 18$
 $= 2$　　　　　**答 2**

(2) $7 \times (8 - 6^2 \div 9)$
 $= 7 \times (8 - 36 \div 9)$
 $= 7 \times (8 - 4)$
 $= 7 \times 4$
 $= 28$　　　　**答 28**

2

(1)
```
    3 7 ア ａ 4
  -       9 3 2 ｂ
    ─────────────
    2 イ 1 8 8
         ⇓
    2 イ 1 8 8
  +       9 3 2 ｂ
    ─────────────
    3 7 ア ａ 4
```
$\boxed{}$ を $\boxed{a}$，$\boxed{b}$ として，たし算に直して考える。
$8 + \boxed{b} = \boxed{}4$ なので，
$\boxed{b}$ には 6 が入る。
よって，$\boxed{a}$ には 1 が入り，
$\boxed{ア}$ には 5 が入る。
さらに，$2\boxed{イ} + 9 = 37$ なので $\boxed{イ}$ には 8 が入る。

答 ア：5，イ：8

(2)
```
        2 ア 6
    ×     3 ａ
    ─────────
          6 4
        □ 8
      イ
    ─────────
         ⇓
        2 1 6
    ×     3 4
    ─────────
        8 6 4
      6 4 8
    ─────────
      7 3 4 4
```
$3 \boxed{}$ の $\boxed{}$ を $\boxed{a}$ とすると，
$6 \times \boxed{a} = \boxed{}4$ なので，
$\boxed{a}$ には，4 か 9 が入ることになるが，9 の場合は $2\boxed{ア}6 \times 9$ の積が 4 けたになるので，$\boxed{a}$ には 4 が入る。
よって，$\boxed{ア}$ には 1 か 6 が入ることになるが，6 の場合は 266×4 の積が 4 けたになるので，$\boxed{ア}$ には 1 が入る。
計算していくと，$\boxed{イ}$ には 3 が入る。

答 ア：1，イ：3

1

3

(1) $5.38 - 3.592 = 1.788$

$$\begin{array}{r}5.38\\-3.592\\\hline 1.788\end{array}$$

答 **1.788**

(2) $\dfrac{11}{4} - \dfrac{8}{5}$

$= \dfrac{55}{20} - \dfrac{32}{20}$

$= \dfrac{23}{20}$

$= 1\dfrac{3}{20}$

答 $1\dfrac{3}{20}$

●●●チャレンジ問題●●● ────── SPI 四則計算

$(-4)^2 - 3 \times (1-8)$
$= 16 - 3 \times (-7)$
$= 16 + 21$
$= 37$

答 **C**

● 練習問題2 ● p.5

1

(1) $56 \div 8 + 2 \times (-3)$
$= 7 + (-6)$
$= 1$

答 **1**

(2) $\{(-5)^2 - 10 \div (4^2 - 6)\} \div 8$
$= \{25 - 10 \div (16-6)\} \div 8$
$= (25 - 10 \div 10) \div 8$
$= (25 - 1) \div 8$
$= 24 \div 8$
$= 3$

答 **3**

2

(1)
$$\begin{array}{r}3\boxed{ア}8\\\times5\boxed{a}\\\hline \boxed{b}\,4\\\boxed{}\,40\\\hline \boxed{イ}\,38\boxed{}\end{array}$$

⇩

$$\begin{array}{r}3\,2\,8\\\times5\,3\\\hline 9\,8\,4\\\boxed{1}\,6\,4\,0\\\hline \boxed{1}\,7\,3\,8\,4\end{array}$$

5□の□を a, □□4 の まん中の□を b とすると, $8 \times a = $ □4 なので, a には, 3か8が入ることになるが, 8の場合は $3\boxed{ア}8 \times 8$ の積が4けたになるので, a には 3 が入る。また, b には 8 が入るので, $\boxed{ア}$ には **2** が入る。よって, 計算していくと, $\boxed{イ}$ には **7** が入る。

答 ア: **2**, イ: **7**

(2)
$$\begin{array}{r}5\boxed{ア}\\\boxed{イ}8\,)\overline{2\,7\,3\,6}\\2\,4\,0\\\hline 3\,3\,6\\3\,3\,6\\\hline 0\end{array}$$

商の十の位が5なので, 273 の下の□□□には, $\boxed{イ}8 \times 5$ の値で 273 を超えないものが入る。よって, $\boxed{イ}$ には **4** が入る。わる数が48と判明したので, 計算していくと $\boxed{ア}$ には **7** が入る。

答 ア: **7**, イ: **4**

3

(1) $3.5 \times 0.74 = 2.59$

$$\begin{array}{r}3.5\\\times0.74\\\hline 1\,4\,0\\2\,4\,5\\\hline 2.5\,9\,0\end{array}$$ ⇐ 右はしにそろえて計算する

答 **2.59**

(2) $\dfrac{10}{7} + 2\dfrac{2}{3}$

$= 1\dfrac{3}{7} + 2\dfrac{2}{3}$

$= (1+2) + \left(\dfrac{9}{21} + \dfrac{14}{21}\right)$

$= 3 + \dfrac{23}{21}$

$= 3 + 1\dfrac{2}{21}$

$= 4\dfrac{2}{21}$

答 $4\dfrac{2}{21}$

●●●チャレンジ問題●●● ────── SPI 小数の計算

$2.75 + 1.194 = 3.944$

$$\begin{array}{r}1\\2.7\,5\\+1.1\,9\,4\\\hline 3.9\,4\,4\end{array}$$

答 **D**

2 比率と割合・比例と反比例

本冊 p.7〜p.9

● 確認問題 ● p.7

[1]

（りんごジュースの量）：（みかんジュースの量）
＝7：8 なので，
求めるみかんジュースの量を x mL とすると，
$7:8 =$ ア $\boxed{210} : x$
$7x =$ イ $\boxed{1680}$ ← 外項の積＝内項の積
$x =$ ウ $\boxed{240}$ (mL)

ポイント
$a:b=c:d$
$\rightarrow ad=bc$(外項の積)＝(内項の積)

みかんジュースはりんごジュースに対して $\frac{8}{7}$ の量だから，
$210 \times \frac{8}{7} = 240$ (mL)
と考えてもよい。

[2]

昨年度の生徒数を1とする。
今年度の生徒数の昨年度の生徒数に対する割合は，
$1 -$ ア $\boxed{0.05} =$ イ $\boxed{0.95}$
（基準とする量）＝（比較する量）÷（割合）より，
昨年度の生徒数は，$760 \div$ ウ $\boxed{0.95} =$ エ $\boxed{800}$ (人)

[3]

仕入れ値を1とする。
定価の仕入れ値に対する割合は，
$1 +$ ア $\boxed{0.15} =$ イ $\boxed{1.15}$
（基準とする量）＝（比較する量）÷（割合）より，
仕入れ値は，$3220 \div$ ウ $\boxed{1.15} =$ エ $\boxed{2800}$ (円)

[4]

(1) ア $\boxed{-12} = a \times$ イ $\boxed{6}$ だから ← $y=ax$ に代入
  $a =$ ウ $\boxed{-2}$
  よって，$y =$ エ $\boxed{-2}\, x$

(2) ア $\boxed{-4} = \dfrac{a}{\boxed{2}}$ だから ← $y=\dfrac{a}{x}$ に代入
  $a =$ ウ $\boxed{-8}$
  よって，$y = \dfrac{\boxed{-8}}{x}$

● 練習問題1 ● p.8

[1]

（弟が出した金額）：（合計金額）
＝3：(5+3)＝3：8 なので，
弟が出した金額を x 円とすると，
$3:8 = x:2000$
$8x = 6000$
$x = 750$ (円) **答 750(円)**

[2]

Tシャツの在庫全体の枚数を1とする。
Lサイズの枚数の在庫全体の枚数に対する割合は
$1 - (0.25 + 0.5) = 1 - 0.75$
$ = 0.25$
（基準とする量）＝（比較する量）÷（割合）より，
在庫全体の枚数は
$12 \div 0.25 = 48$ (枚) **答 48枚**

[3]

(1) y は x に比例するので，$y=ax$ に $x=2$，
  $y=-8$ を代入すると，
  $-8 = a \times 2$ だから
  $a = -4$
  よって，$y = -4x$ **答 $y=-4x$**

(2) y は x に反比例するので，$y=\dfrac{a}{x}$ に $x=3$，
  $y=-4$ を代入すると，
  $-4 = \dfrac{a}{3}$ だから
  $a = -12$
  よって，$y = -\dfrac{12}{x}$ **答 $y=-\dfrac{12}{x}$**

●●●チャレンジ問題●●● ── SPI 割合

はじめのお茶の量を1とする。
昨日，$\dfrac{1}{3}$ を飲んだから，今日残っているお茶の量は
$1 - \dfrac{1}{3} = \dfrac{2}{3}$
今日飲んだお茶の量は，この $\dfrac{2}{3}$ のうちの $\dfrac{1}{4}$ だから，
$\dfrac{2}{3} \times \dfrac{1}{4} = \dfrac{1}{6}$
残っているお茶の量は，$1 - \dfrac{1}{3} - \dfrac{1}{6} = \dfrac{1}{2}$
よって，正解は D **答 D**

● 練習問題2 ●　　　　　　　　p.9

1

(B市):(C市)=7:4より,
(B市)=200×7÷4=350(km²)
よって,(A市):(B市)=8:5より,
(A市)=350×8÷5=560(km²)
これより,(A市)+(B市)=560+350
　　　　　　　　　　　　=910(km²)

答 910(km²)

2

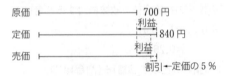

定価は,700×(1+0.2)=840(円)
売価は,840×(1−0.05)=798(円)
$\frac{売価}{原価} = \frac{798}{700} = 1.14$
つまり,原価の **14％**増しとなる。　**答 14％**

[別解]
原価を1と考える方法もある。

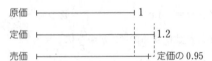

つまり,売値は原価を1としたとき
1.2×0.95=1.14
つまり,原価に対して **14％**増しとなる。　**答 14％**

3

(1) y は x に比例するので,$y=ax$ に
　　$x=-3$,$y=9$ を代入すると,
　　$9=a\times(-3)$ だから
　　$a=-3$
　　よって,$y=-3x$　　**答 $y=-3x$**

(2) y は x に反比例するので,$y=\dfrac{a}{x}$ に
　　$x=-2$,$y=5$ を代入すると,
　　$5=\dfrac{a}{-2}$ だから
　　$a=-10$
　　よって,$y=-\dfrac{10}{x}$　　**答 $y=-\dfrac{10}{x}$**

●●●チャレンジ問題●●● ─── SPI 比

(コーヒーの量):(カフェオレの量)
=7:(7+5)=7:12 なので,
コーヒーの量を x mL とすると
7:12=x:240
　12x=1680
　　　x=140(mL)
よって,正解は C　　**答 C**

> 7+5=12 のうち,コーヒーの量が7だから,
> $240\times\dfrac{7}{12}=140$(mL)と考えてもよい。

3 文字式・整式の計算

本冊 p.11〜p.13

● 確認問題 ● p.11

1

(1) $a \times b \times 3 \times b$
 $= \boxed{3}^{ア} ab^{\boxed{2}^{イ}}$ ← 文字の積はアルファベット順にかく

(2) $x \times y \times x \times (-1)$
 $= \boxed{-}^{ア} x^{\boxed{2}^{イ}} y$ ← 1は省略する

(3) $y \div x \times 5$
 $= \boxed{\dfrac{5y}{x}}$

(4) $(3 \times x + y) \div 2$
 $= \dfrac{\boxed{3x}^{ア} + y}{\boxed{2}^{イ}}$

2

$2A + B$
$= 2(3x^2 - x + 4) + (x^2 + 5x - 2)$
$= \boxed{6}^{ア} x^2 - \boxed{2}^{イ} x + \boxed{8}^{ウ} + x^2 + 5x - 2$
$= (6x^2 + x^2) + (-2x + 5x) + (8 - 2)$
$= \boxed{7}^{エ} x^2 + \boxed{3}^{オ} x + \boxed{6}^{カ}$

3

(1) $3x^2 \times 4x^3$
 $= (3 \times 4) \times (x^2 \times x^3)$
 $= \boxed{12}^{ア} \times x^{\boxed{2}^{イ} + \boxed{3}^{ウ}}$
 $= \boxed{12x^5}^{エ}$

(2) $a^2 b^3 \times 3a^3 b$
 $= 3 \times (a^2 \times a^3) \times (b^3 \times b)$
 $= 3 \times a^{\boxed{2}^{ア} + \boxed{3}^{イ}} \times b^{\boxed{3}^{ウ} + \boxed{1}^{エ}}$
 $= \boxed{3a^5 b^4}^{オ}$

(3) $(-2xy^2)^3$
 $= (-2)^3 \times x^3 \times (y^2)^3$
 $= \boxed{-8}^{ア} \times x^3 \times y^{\boxed{2}^{イ} \times \boxed{3}^{ウ}}$
 $= \boxed{-8x^3 y^6}^{エ}$

(4) $\left(\dfrac{-2a}{b^2}\right)^3$
 $= \dfrac{(-2)^3 \times a^3}{(b^2)^3}$
 $= \dfrac{\boxed{-8}^{ア} \times a^3}{b^{\boxed{2}^{イ} \times \boxed{3}^{ウ}}}$
 $= \boxed{-\dfrac{8a^3}{b^6}}^{エ}$

参照 ⇒ 本冊p.10

● 練習問題1 ● p.12

1

(1) $x \times y \times 5 \times x$
 $= 5x^2 y$ 答 $5x^2 y$

(2) $y \div x \times 3 \times y$
 $= \dfrac{3y^2}{x}$ 答 $\dfrac{3y^2}{x}$

2

$2A - 3B$
$= 2(4x^2 + x - 3) - 3(3x^2 - 2x + 1)$
$= 8x^2 + 2x - 6 - 9x^2 + 6x - 3$
$= (8x^2 - 9x^2) + (2x + 6x) + (-6 - 3)$
$= -x^2 + 8x - 9$ 答 $-x^2 + 8x - 9$

3

(1) $2a^2 \times (-5a^3)$
 $= \{2 \times (-5)\} \times (a^2 \times a^3)$
 $= -10 \times a^{2+3}$
 $= -10a^5$ 答 $-10a^5$

(2) $xy^4 \times 2x^3 y^2$
 $= 2 \times (x \times x^3) \times (y^4 \times y^2)$
 $= 2 \times x^{1+3} \times y^{4+2}$
 $= 2x^4 y^6$ 答 $2x^4 y^6$

(3) $(-3a^2 b^3)^3$
 $= (-3)^3 \times (a^2)^3 \times (b^3)^3$
 $= -27 \times a^{2 \times 3} \times b^{3 \times 3}$
 $= -27a^6 b^9$ 答 $-27a^6 b^9$

(4) $\left(\dfrac{a^2}{2b}\right)^3$
 $= \dfrac{(a^2)^3}{2^3 \times b^3}$
 $= \dfrac{a^{2 \times 3}}{8 \times b^3}$
 $= \dfrac{a^6}{8b^3}$ 答 $\dfrac{a^6}{8b^3}$

● 練習問題2 ●　　　　　　　　　p.13

1

(1) $x \times x \times (-1) \times y \times y \times y$
$= -x^2 y^3$　　　　　　　答 $-x^2 y^3$

(2) $a \div b \times (-3) \times c$
$= -\dfrac{3ac}{b}$　　　　　　　答 $-\dfrac{3ac}{b}$

2

$2A + B$
$= 2(-x^2 + 3x + 2) + (2x^2 + 5x - 3)$
$= -2x^2 + 6x + 4 + 2x^2 + 5x - 3$
$= (-2x^2 + 2x^2) + (6x + 5x) + (4 - 3)$
$= 11x + 1$　　　　　　　答 $11x + 1$

3

(1) $3ab^2 \times (-2ab)$
$= \{3 \times (-2)\} \times (a \times a) \times (b^2 \times b)$
$= -6 \times a^{1+1} \times b^{2+1}$
$= -6a^2 b^3$　　　　　　　答 $-6a^2 b^3$

(2) $(4x^3 y^2)^2$
$= 4^2 \times (x^3)^2 \times (y^2)^2$
$= 16 \times x^{3 \times 2} \times y^{2 \times 2}$
$= 16 x^6 y^4$　　　　　　　答 $16x^6 y^4$

(3) $(3x^2 y)^2 \times (-5xy^2)$
$= 3^2 \times (x^2)^2 \times y^2 \times (-5xy^2)$
$= 9 \times x^{2 \times 2} \times y^2 \times (-5xy^2)$
$= 9 x^4 y^2 \times (-5xy^2)$
$= \{9 \times (-5)\} \times (x^4 \times x) \times (y^2 \times y^2)$
$= -45 \times x^{4+1} \times y^{2+2}$
$= -45 x^5 y^4$　　　　　　　答 $-45x^5 y^4$

(4) $\left(\dfrac{-3a}{b^2 c}\right)^3$
$= \dfrac{(-3)^3 \times a^3}{(b^2)^3 \times c^3}$
$= \dfrac{-27 \times a^3}{b^{2 \times 3} \times c^3}$
$= -\dfrac{27 a^3}{b^6 c^3}$　　　　　　　答 $-\dfrac{27a^3}{b^6 c^3}$

4 乗法公式による展開と因数分解

本冊 p.15〜p.17

● 確認問題 ●　　　　　　　　　p.15

1

(1) $(x+5)(x-5)$
$=$ ア $\boxed{x}$ $^2 -$ イ $\boxed{5}$ ^{2}　←乗法公式①を利用
$=$ ウ $\boxed{x^2 - 25}$

(2) $(x+4)^2$
$= x^2 + 2 \times x \times$ ア $\boxed{4}$ $+$ イ $\boxed{4}$ ^{2}　←乗法公式②を利用
$=$ ウ $\boxed{x^2 + 8x + 16}$

(3) $(x-2)(x+6)$
$= x^2 + \{(-2) +$ ア $\boxed{6}\}x + (-2) \times$ イ $\boxed{6}$
$=$ ウ $\boxed{x^2 + 4x - 12}$　←乗法公式③を利用

(4) $(x+2)(2x-3)$
$= (1 \times 2)x^2 + \{1 \times ($ ア $\boxed{-3}) + 2 \times$ イ $\boxed{2}\}x$
$\qquad + 2 \times ($ ウ $\boxed{-3})$
$=$ エ $\boxed{2x^2 + x - 6}$　←乗法公式④を利用

(5) $(x+2)^3$
$= x^3 + 3 \times x^2 \times$ ア $\boxed{2}$ $+ 3 \times x \times$ イ $\boxed{2}$ ^{2}
$\qquad +$ ウ $\boxed{2}$ ^{3}
$=$ エ $\boxed{x^3 + 6x^2 + 12x + 8}$　←乗法公式⑤を利用

2

(1) $2x^2 y - 4xy$
$=$ ア $\boxed{2xy}$ $\times x -$ イ $\boxed{2xy}$ $\times 2$　←共通因数である $2xy$ を取り出す
$=$ ウ $\boxed{2xy}(x-2)$

(2) $9x^2 - 16$
$= ($ ア $\boxed{3x})^2 - 4^2$　←乗法公式①を利用
$= ($ イ $\boxed{3x} + 4)($ ウ $\boxed{3x} - 4)$

(3) $5x^2 - 7x + 2$

$\begin{array}{c} 1 \\ 5 \end{array} \times \begin{array}{c} \text{ア}\boxed{-1} \longrightarrow \text{イ}\boxed{-5} \\ \text{ウ}\boxed{-2} \longrightarrow \text{エ}\boxed{-2} \end{array}$ $(+$
$\qquad\qquad\qquad\qquad\quad -7$

←乗法公式④を利用，たすきがけを利用

よって
$5x^2 - 7x + 2 = (x -$ オ $\boxed{1})(5x -$ カ $\boxed{2})$

練習問題1 p.16

1

(1) $(3x+2)(3x-2)$
$= (3x)^2 - 2^2$
$= 9x^2 - 4$ 答 $9x^2 - 4$

(2) $(2x-3)^2$
$= (2x)^2 - 2 \times (2x) \times 3 + 3^2$
$= 4x^2 - 12x + 9$ 答 $4x^2 - 12x + 9$

(3) $(x-5)(x-4)$
$= x^2 + \{(-5)+(-4)\}x + (-5)\times(-4)$
$= x^2 - 9x + 20$ 答 $x^2 - 9x + 20$

(4) $(3x-2)(2x+5)$
$= (3\times 2)x^2 + \{3\times 5 + (-2)\times 2\}x + (-2)\times 5$
$= 6x^2 + 11x - 10$ 答 $6x^2 + 11x - 10$

(5) $(x-3)^3$
$= x^3 - 3\times x^2 \times 3 + 3\times x \times 3^2 - 3^3$
$= x^3 - 9x^2 + 27x - 27$ 答 $x^3 - 9x^2 + 27x - 27$

2

(1) $12a^2b^2 - 6ab^2$
$= 6ab^2 \times 2a - 6ab^2 \times 1$
$= 6ab^2(2a-1)$ 答 $6ab^2(2a-1)$

(2) $4x^2 - 25$
$= (2x)^2 - 5^2$
$= (2x+5)(2x-5)$ 答 $(2x+5)(2x-5)$

(3) $x^2 + 16x + 64$
$= x^2 + 2\times x \times 8 + 8^2$
$= (x+8)^2$ 答 $(x+8)^2$

(4) $5x^2 - 9x - 2$

```
1      -2  ⟶ -10
5       1  ⟶   1  (+
                ─────
               -9
```

よって
$5x^2 - 9x - 2 = (x-2)(5x+1)$
答 $(x-2)(5x+1)$

練習問題2 p.17

1

(1) $(4x-3)^2$
$= (4x)^2 - 2\times(4x)\times 3 + 3^2$
$= 16x^2 - 24x + 9$ 答 $16x^2 - 24x + 9$

(2) $(x-9)(x+7)$
$= x^2 + \{(-9)+7\}x + (-9)\times 7$
$= x^2 - 2x - 63$ 答 $x^2 - 2x - 63$

(3) $(5x-1)(3x+2)$
$= (5\times 3)x^2 + \{5\times 2 + (-1)\times 3\}x + (-1)\times 2$
$= 15x^2 + 7x - 2$ 答 $15x^2 + 7x - 2$

(4) $(3x+1)^3$
$= (3x)^3 + 3\times(3x)^2\times 1 + 3\times(3x)\times 1^2 + 1^3$
$= 27x^3 + 27x^2 + 9x + 1$ 答 $27x^3 + 27x^2 + 9x + 1$

(5) $(x+y+2)(x+y-3)$
$x+y=A$ とおくと
$(A+2)(A-3)$
$= A^2 + \{2+(-3)\}A + 2\times(-3)$
$= A^2 - A - 6$
$= (x+y)^2 - (x+y) - 6$
$= x^2 + 2\times x \times y + y^2 - x - y - 6$
$= x^2 + 2xy + y^2 - x - y - 6$
答 $x^2 + 2xy + y^2 - x - y - 6$

2

(1) $5x^2y + 20xy^2$
$= 5xy \times x + 5xy \times 4y$
$= 5xy(x+4y)$ 答 $5xy(x+4y)$

(2) $16x^2 - 9$
$= (4x)^2 - 3^2$
$= (4x+3)(4x-3)$ 答 $(4x+3)(4x-3)$

(3) $x^2 - 10x + 25$
$= x^2 - 2\times x \times 5 + 5^2$
$= (x-5)^2$ 答 $(x-5)^2$

(4) $(x-y)^2 + (x-y) - 6$
$x-y=A$ とおくと
$A^2 + A - 6$
$= A^2 + \{(-2)+3\}A + (-2)\times 3$
$= (A-2)(A+3)$
$= (x-y-2)(x-y+3)$
答 $(x-y-2)(x-y+3)$

5 無理数の計算

本冊 p.19〜p.21

● 確認問題 ● p.19

1

(1) $\sqrt{6} \times \sqrt{2}$
$= \sqrt{3 \times 2} \times \sqrt{2}$
$= \sqrt{3} \times \sqrt{\boxed{^{ア}4}}$ ← 平方根の法則②を利用
$= \boxed{^{イ}2\sqrt{3}}$ ← 平方根の法則①を利用

(2) $\sqrt{\dfrac{5}{16}}$
$= \dfrac{\sqrt{5}}{\sqrt{\boxed{^{ア}16}}}$ ← 平方根の法則③を利用
$= \dfrac{\sqrt{5}}{\boxed{^{イ}4}}$ ← 平方根の法則①を利用

(3) $\sqrt{32} - \sqrt{18} + \sqrt{8}$
$= 4\sqrt{2} - \boxed{^{ア}3}\sqrt{2} + \boxed{^{イ}2}\sqrt{2}$ ← 平方根の法則①②を利用
$= (4 - \boxed{^{ウ}3} + \boxed{^{エ}2})\sqrt{2}$
$= \boxed{^{オ}3\sqrt{2}}$

(4) $(\sqrt{5}+\sqrt{2})^2$
$= (\sqrt{5})^2 + 2 \times \sqrt{5} \times \boxed{^{ア}\sqrt{2}} + (\boxed{^{イ}\sqrt{2}})^2$
$= 5 + 2\sqrt{\boxed{^{ウ}10}} + \boxed{^{エ}2}$ ← 文字式の展開と同じように乗法公式を利用
$= \boxed{^{オ}7+2\sqrt{10}}$

(5) $(\sqrt{2}+3)(2\sqrt{2}+1)$
$= \sqrt{2} \times \boxed{^{ア}2\sqrt{2}} + \sqrt{2} \times 1 + 3 \times 2\sqrt{2} + 3 \times \boxed{^{イ}1}$
$= \boxed{^{ウ}4} + \sqrt{2} + 6\sqrt{2} + 3$
$= \boxed{^{エ}7+7\sqrt{2}}$

2

(1) $\dfrac{3}{2\sqrt{3}}$
$= \dfrac{3 \times \boxed{^{ア}\sqrt{3}}}{2\sqrt{3} \times \boxed{^{イ}\sqrt{3}}}$ ← 分子と分母に $\sqrt{3}$ をかける
$= \dfrac{3\sqrt{3}}{2 \times \boxed{^{ウ}3}}$
$= \boxed{^{エ}\dfrac{\sqrt{3}}{2}}$

(2) $\dfrac{6}{\sqrt{6}+\sqrt{2}}$
$= \dfrac{6 \times (\boxed{^{ア}\sqrt{6}-\sqrt{2}})}{(\sqrt{6}+\sqrt{2})(\boxed{^{イ}\sqrt{6}-\sqrt{2}})}$ ← 分子と分母に $\sqrt{6}-\sqrt{2}$ をかける
$= \dfrac{6(\boxed{^{ウ}\sqrt{6}-\sqrt{2}})}{(\sqrt{6})^2 - (\boxed{^{エ}\sqrt{2}})^2}$
$= \dfrac{6(\boxed{^{オ}\sqrt{6}-\sqrt{2}})}{6 - \boxed{^{カ}2}}$
$= \dfrac{3(\boxed{^{キ}\sqrt{6}-\sqrt{2}})}{\boxed{^{ク}2}}$

● 練習問題1 ● p.20

1

(1) $\sqrt{10} \times \sqrt{2}$
$= \sqrt{5 \times 2} \times \sqrt{2}$
$= \sqrt{5} \times \sqrt{4}$
$= 2\sqrt{5}$ 　　　答 $2\sqrt{5}$

(2) $\sqrt{\dfrac{3}{25}}$
$= \dfrac{\sqrt{3}}{\sqrt{25}}$
$= \dfrac{\sqrt{3}}{5}$ 　　　答 $\dfrac{\sqrt{3}}{5}$

(3) $\sqrt{24} + \sqrt{3} + \sqrt{54} - \sqrt{27}$
$= 2\sqrt{6} + \sqrt{3} + 3\sqrt{6} - 3\sqrt{3}$
$= (2+3)\sqrt{6} + (1-3)\sqrt{3}$
$= 5\sqrt{6} - 2\sqrt{3}$ 　　　答 $5\sqrt{6} - 2\sqrt{3}$

(4) $(\sqrt{6}-2)^2$
$= (\sqrt{6})^2 - 2 \times \sqrt{6} \times 2 + 2^2$
$= 6 - 4\sqrt{6} + 4$
$= 10 - 4\sqrt{6}$ 　　　答 $10 - 4\sqrt{6}$

(5) $(\sqrt{3}+2)(2\sqrt{3}-1)$
$= \sqrt{3} \times 2\sqrt{3} + \sqrt{3} \times (-1) + 2 \times 2\sqrt{3} + 2 \times (-1)$
$= 6 - \sqrt{3} + 4\sqrt{3} - 2$
$= 4 + 3\sqrt{3}$ 　　　答 $4 + 3\sqrt{3}$

2

(1) $\dfrac{4\sqrt{7}}{5\sqrt{2}}$
$= \dfrac{4\sqrt{7} \times \sqrt{2}}{5\sqrt{2} \times \sqrt{2}}$
$= \dfrac{4\sqrt{14}}{5 \times 2}$
$= \dfrac{2\sqrt{14}}{5}$ 　　　答 $\dfrac{2\sqrt{14}}{5}$

(2) $\dfrac{3}{\sqrt{6}-\sqrt{3}}$
$= \dfrac{3 \times (\sqrt{6}+\sqrt{3})}{(\sqrt{6}-\sqrt{3})(\sqrt{6}+\sqrt{3})}$
$= \dfrac{3(\sqrt{6}+\sqrt{3})}{(\sqrt{6})^2 - (\sqrt{3})^2}$
$= \dfrac{3(\sqrt{6}+\sqrt{3})}{6-3}$
$= \sqrt{6} + \sqrt{3}$ 　　　答 $\sqrt{6}+\sqrt{3}$

● 練習問題2 ●　p.21

1

(1) $\sqrt{5} \times \sqrt{15}$
$= \sqrt{5} \times \sqrt{5 \times 3}$
$= \sqrt{25} \times \sqrt{3}$
$= 5\sqrt{3}$　　　　　　　　　答 $5\sqrt{3}$

(2) $\sqrt{\dfrac{8}{9}}$
$= \dfrac{\sqrt{8}}{\sqrt{9}}$
$= \dfrac{2\sqrt{2}}{3}$　　　　　　　　答 $\dfrac{2\sqrt{2}}{3}$

(3) $\sqrt{28} + \sqrt{45} - \sqrt{7} - \sqrt{80}$
$= 2\sqrt{7} + 3\sqrt{5} - \sqrt{7} - 4\sqrt{5}$
$= (2-1)\sqrt{7} + (3-4)\sqrt{5}$
$= \sqrt{7} - \sqrt{5}$　　　　　　答 $\sqrt{7} - \sqrt{5}$

(4) $(\sqrt{7}+5)(\sqrt{7}-3)$
$= (\sqrt{7})^2 + \{5+(-3)\}\sqrt{7} + 5 \times (-3)$
$= 7 + 2\sqrt{7} - 15$
$= -8 + 2\sqrt{7}$　　　　　答 $-8 + 2\sqrt{7}$

(5) $(3\sqrt{5}+5)(\sqrt{5}-5)$
$= 3\sqrt{5} \times \sqrt{5} + 3\sqrt{5} \times (-5) + 5 \times \sqrt{5}$
$\qquad\qquad\qquad\qquad\qquad + 5 \times (-5)$
$= 15 - 15\sqrt{5} + 5\sqrt{5} - 25$
$= -10 - 10\sqrt{5}$　　　　答 $-10 - 10\sqrt{5}$

2

(1) $\dfrac{7\sqrt{3}}{2\sqrt{7}}$
$= \dfrac{7\sqrt{3} \times \sqrt{7}}{2\sqrt{7} \times \sqrt{7}}$
$= \dfrac{7\sqrt{21}}{2 \times 7}$
$= \dfrac{\sqrt{21}}{2}$　　　　　　　答 $\dfrac{\sqrt{21}}{2}$

(2) $\dfrac{6}{\sqrt{7}+2}$
$= \dfrac{6 \times (\sqrt{7}-2)}{(\sqrt{7}+2)(\sqrt{7}-2)}$
$= \dfrac{6(\sqrt{7}-2)}{(\sqrt{7})^2 - 2^2}$
$= \dfrac{6(\sqrt{7}-2)}{7-4}$
$= 2(\sqrt{7}-2)$　　　　　答 $2(\sqrt{7}-2)$

6　1次方程式

本冊 p.23〜p.25

● 確 認 問 題 ●　p.23

1

(1) $2x - 8 = 6$
$2x = 6 + {}^{ア}\boxed{8}$ ← -8 を右辺に移項
$2x = 14$
$x = {}^{イ}\boxed{7}$ ← 両辺を 2 でわる

ポイント
移項すると，符号が逆になる。

(2) $3x - 5 = 10$
$3x = 10 + {}^{ア}\boxed{5}$ ← -5 を右辺に移項
$3x = 15$
$x = {}^{イ}\boxed{5}$ ← 両辺を 3 でわる

(3) $-2x + 4 = 10$
$-2x = 10 - {}^{ア}\boxed{4}$ ← 4 を右辺に移項
$-2x = 6$
$x = {}^{イ}\boxed{-3}$ ← 両辺を -2 でわる

(4) $-4x - 5 = -9$
$-4x = -9 + {}^{ア}\boxed{5}$ ← -5 を右辺に移項
$-4x = -4$
$x = {}^{イ}\boxed{1}$ ← 両辺を -4 でわる

2

りんご 3 個と，みかん 1 個の合計金額が 500 円なので，りんご 1 個の値段を x 円とすると，次の方程式が成り立つ。

$3x + {}^{ア}\boxed{110} = 500$
$3x = 500 - \boxed{110}$ ← 110 を右辺に移項
$3x = 390$
$x = {}^{ウ}\boxed{130}$ ← 両辺を 3 でわる

よって，りんご 1 個の値段は ${}^{エ}\boxed{130}$ 円である。

3

$\begin{cases} x + y = 3 & \cdots\cdots① \\ y = 2x - 12 & \cdots\cdots② \end{cases}$

②を①に代入すると，
$x + 2x - 12 = 3$
$3x = 3 + {}^{ア}\boxed{12}$ ← -12 を右辺に移項
$3x = {}^{イ}\boxed{15}$
$x = {}^{ウ}\boxed{5}$ ……③ ← 両辺を 3 でわる

③を②に代入して，
$y = 2 \times {}^{エ}\boxed{5} - 12$

$y=$ オ$\boxed{10}$ -12
$y=$ カ$\boxed{-2}$ $x=$ キ$\boxed{5}$, $y=$ ク$\boxed{-2}$
参照⇒ 本冊p.22 2

● 練習問題1 ●   p.24

1

(1) $2x+3=5$
    $2x=5-3$
    $2x=2$
    $x=1$ 答 $x=1$

(2) $\frac{1}{4}x=2$
    $x=2\times 4$
    $x=8$ 答 $x=8$

2

鉛筆10本と，赤ペン5本の合計金額が1600円なので，鉛筆1本の値段をx円とすると，次の方程式が成り立つ。
$10x+120\times 5=1600$
$10x+600=1600$
$10x=1600-600$
$10x=1000$
$x=100$

よって，鉛筆1本の値段は 100 円である。
                                        答 100 円

3

(1) $\begin{cases} 2x+y=1 & \cdots\cdots ① \\ 3x-2y=5 & \cdots\cdots ② \end{cases}$

①×2より
$4x+2y=2 \cdots\cdots ③$
②+③より
$3x+4x=5+2$
$7x=7$
$x=1 \cdots\cdots ④$
④を①に代入して
$2\times 1+y=1$
$y=1-2$
$y=-1$ 答 $x=1, y=-1$

(2) $\begin{cases} x=2y & \cdots\cdots ① \\ 2x+y=10 & \cdots\cdots ② \end{cases}$

①を②に代入すると
$2\times 2y+y=10$
$5y=10$

$y=2 \cdots\cdots ③$
③を①に代入して
$x=2\times 2$
$x=4$ 答 $x=4, y=2$

●●●チャレンジ問題●●● —— SPI 鶴亀算

りんごの個数をx個とすると，柿は$(13-x)$個あることになる。
合計金額が2200円なので，次の方程式が成り立つ。
$200(13-x)+120x=2200$
柿の合計金額 ＋ りんごの合計金額 ＝ 総額
$2600-200x+120x=2200$
$-80x=-400$
$x=5$

よって，正解はC。   答 C

[別解]

ポイント
方程式を使わずに，すべてどちらか1種類だと仮定する解法が，一般に鶴亀算の解法として知られている。次のように解いていく。

すべて柿だとすると，合計は
$200(円)\times 13(個)=2600(円)$
実際の合計との差は，
$2600(円)-2200(円)=400(円)$
柿とりんごの1個あたりの値段の差は，
$200(円)-120(円)=80(円)$なので
$400(円)\div 80(円)=5(個)$
よって，正解はC。   答 C

● 練習問題2 ●   p.25

1

(1) $3x-6=15$
    $3x=15+6$
    $3x=21$
    $x=7$ 答 $x=7$

(2) $0.5x+5.5=6.5$
    両辺に10をかけて式を簡単にする。
    $5x+55=65$
    $5x=10$
    $x=2$ 答 $x=2$

(3) $\dfrac{3}{2}x - 1 = \dfrac{2x+2}{3}$

両辺に 6 をかけて分母を払う。

$9x - 6 = 4x + 4$

$5x = 10$

$x = 2$ 　　　　答 $x = 2$

(4) $2(3 - 2x) + 5 = x + 1$

$6 - 4x + 5 = x + 1$

$-5x = -10$

$x = 2$ 　　　　答 $x = 2$

2

ストラップ 1 個の値段を x 円とすると,

$4x + 700 \times 6 = 5000$

$4x + 4200 = 5000$

$4x = 800$

$x = 200$ 　　　　答 200 円

3

りんご 1 個の値段を x 円, みかん 1 個の値段を y 円とすると

$\begin{cases} x + 2y = 260 & \cdots\cdots ① \\ 4x + 6y = 920 & \cdots\cdots ② \end{cases}$

①×3 より

$3x + 6y = 780 \cdots\cdots ③$

②−③ より

$4x - 3x = 920 - 780$

$x = 140 \cdots\cdots ④$

④を①に代入して

$140 + 2y = 260$

$2y = 120$

$y = 60$ 　　答 りんご 140 円, みかん 60 円

●●●チャレンジ問題●●● ── SPI 年齢算

現在の子の年齢を x 歳とすると, 父の年齢は $9x$ 歳となり, 4 年後の子の年齢は $x+4$(歳), 父の年齢は $9x+4$(歳)となる。

$9x + 4 = 5(x + 4)$

$9x + 4 = 5x + 20$

$4x = 16$

$x = 4$

よって, 正解は B。　　　　答 B

7 2次方程式

本冊 p.27〜p.29

● 確認問題 ●　　　　p.27

1

(1) $x^2 - 8x + 12 = 0$

$(x-2)(x-\boxed{6}^{ア})=0$ ← ○×△=12 となる 2 数の組から考える

$x = \boxed{2}^{イ}, 6$

ポイント

$AB = 0$ のとき, $A = 0$ または $B = 0$

(2) $x^2 + x - 42 = 0$

$(x+\boxed{7}^{ア})(x-\boxed{6}^{イ})=0$ ← ○×△=−42 となる 2 数の組から考える

$x = -\boxed{7}^{ウ}, \boxed{6}^{エ}$

(3) $x^2 + 10x + 25 = 0$ ← $x^2 + 2\times x \times 5 + 5^2 = 0$ となる

$(x+\boxed{5}^{ア})^2 = 0$

$x = \boxed{-5}^{イ}$

(4) $x^2 - 9 = 0$

$(x+\boxed{3}^{ア})(x-\boxed{3}^{イ})=0$ ← $x^2 - 3^2 = 0$ となる

$x = -\boxed{3}^{ウ}, \boxed{3}^{エ}$

2

(1) $x^2 + 3x + 1 = 0$ ← 解の公式で $a=1, b=3, c=1$ とする

$x = \dfrac{-3 \pm \sqrt{\boxed{3}^{ア}{}^2 - 4 \times 1 \times \boxed{1}^{イ}}}{2 \times \boxed{1}^{ウ}}$

$= \dfrac{-3 \pm \sqrt{9 - \boxed{4}^{エ}}}{2}$

$= \dfrac{-3 \pm \sqrt{\boxed{5}^{オ}}}{2}$

(2) $3x^2 + 3x - 2 = 0$ ← 解の公式で $a=3, b=3, c=-2$ とする

$x = \dfrac{-\boxed{3}^{ア} \pm \sqrt{\boxed{3}^{イ}{}^2 - 4 \times \boxed{3}^{ウ} \times (-2)}}{2 \times 3}$

$= \dfrac{-\boxed{3}^{エ} \pm \sqrt{9 + \boxed{24}^{オ}}}{6}$

$= \dfrac{-\boxed{3}^{カ} \pm \sqrt{\boxed{33}^{キ}}}{6}$

11

● 練習問題1 ●　　　　　　　　　　p.28

1

(1) $x^2-5x-36=0$
$(x+4)(x-9)=0$
$x=-4,\ 9$　　　　　　　答 $x=-4,\ 9$

(2) $x^2+14x+48=0$
$(x+6)(x+8)=0$
$x=-6,\ -8$　　　　　　答 $x=-6,\ -8$

(3) $x^2-12x+36=0$
$(x-6)^2=0$
$x=6$　　　　　　　　　答 $x=6$

(4) $x^2-25=0$
$(x+5)(x-5)=0$
$x=-5,\ 5$　　　　　　　答 $x=-5,\ 5$

2

(1) $x^2-5x-2=0$
$x=\dfrac{-(-5)\pm\sqrt{(-5)^2-4\times 1\times(-2)}}{2\times 1}$
$=\dfrac{5\pm\sqrt{25+8}}{2}$
$=\dfrac{5\pm\sqrt{33}}{2}$　　答 $x=\dfrac{5\pm\sqrt{33}}{2}$

(2) $x^2+7x+5=0$
$x=\dfrac{-7\pm\sqrt{7^2-4\times 1\times 5}}{2\times 1}$
$=\dfrac{-7\pm\sqrt{49-20}}{2}$
$=\dfrac{-7\pm\sqrt{29}}{2}$　　答 $x=\dfrac{-7\pm\sqrt{29}}{2}$

(3) $2x^2-5x+1=0$
$x=\dfrac{-(-5)\pm\sqrt{(-5)^2-4\times 2\times 1}}{2\times 2}$
$=\dfrac{5\pm\sqrt{25-8}}{4}$
$=\dfrac{5\pm\sqrt{17}}{4}$　　答 $x=\dfrac{5\pm\sqrt{17}}{4}$

(4) $x^2+6x+3=0$
$x=\dfrac{-6\pm\sqrt{6^2-4\times 1\times 3}}{2\times 1}$
$=\dfrac{-6\pm\sqrt{36-12}}{2}$
$=\dfrac{-6\pm\sqrt{24}}{2}$
$=\dfrac{-6\pm 2\sqrt{6}}{2}$
$=-3\pm\sqrt{6}$　　　　　答 $x=-3\pm\sqrt{6}$

● 練習問題2 ●　　　　　　　　　　p.29

1

(1) $x^2-7x-30=0$
$(x+3)(x-10)=0$
$x=-3,\ 10$　　　　　　　答 $x=-3,\ 10$

(2) $x^2=4x+32$
$x^2-4x-32=0$
$(x+4)(x-8)=0$
$x=-4,\ 8$　　　　　　　答 $x=-4,\ 8$

(3) $4x^2+4x+1=0$
$(2x+1)^2=0$
$x=-\dfrac{1}{2}$　　　　　　答 $x=-\dfrac{1}{2}$

(4) $x^2-144=0$
$(x+12)(x-12)=0$
$x=-12,\ 12$　　　　　　答 $x=-12,\ 12$

2

(1) $x^2-3x-2=0$
$x=\dfrac{-(-3)\pm\sqrt{(-3)^2-4\times 1\times(-2)}}{2\times 1}$
$=\dfrac{3\pm\sqrt{9+8}}{2}$
$=\dfrac{3\pm\sqrt{17}}{2}$　　答 $x=\dfrac{3\pm\sqrt{17}}{2}$

(2) $2x^2+10x+2=0$
$x^2+5x+1=0$
$x=\dfrac{-5\pm\sqrt{5^2-4\times 1\times 1}}{2\times 1}$
$=\dfrac{-5\pm\sqrt{25-4}}{2}$
$=\dfrac{-5\pm\sqrt{21}}{2}$　　答 $x=\dfrac{-5\pm\sqrt{21}}{2}$

(3) $2x^2-3x-3=0$
$x=\dfrac{-(-3)\pm\sqrt{(-3)^2-4\times 2\times(-3)}}{2\times 2}$
$=\dfrac{3\pm\sqrt{9+24}}{4}$
$=\dfrac{3\pm\sqrt{33}}{4}$　　答 $x=\dfrac{3\pm\sqrt{33}}{4}$

(4) $3x^2-2x-4=0$
$x=\dfrac{-(-2)\pm\sqrt{(-2)^2-4\times 3\times(-4)}}{2\times 3}$
$=\dfrac{2\pm\sqrt{4+48}}{6}$
$=\dfrac{2\pm\sqrt{52}}{6}$
$=\dfrac{2\pm 2\sqrt{13}}{6}$
$=\dfrac{1\pm\sqrt{13}}{3}$　　答 $x=\dfrac{1\pm\sqrt{13}}{3}$

8 不等式

本冊 p.31〜p.33

● 確認問題 ● p.31

1

(1) $4x+3>2x+1$

$4x-\boxed{2}^{ア}x>1-\boxed{3}^{イ}$ ⇐ 移項すると符号が逆になる

$\boxed{2}^{ウ}x>\boxed{-2}^{エ}$

$x\boxed{>}^{オ}-1$ ⇐ 両辺を正の数でわっても不等号の向きは変わらない

(2) $2x-6\leqq 7x+9$

$2x-\boxed{7}^{ア}x\leqq 9+\boxed{6}^{イ}$ ⇐ 移項すると符号が逆になる

$\boxed{-5}^{ウ}x\leqq \boxed{15}^{エ}$

$x\boxed{\geqq}^{オ}-3$ ⇐ 両辺を負の数でわると不等号の向きが変わる

ポイント

不等式の両辺に同じ負の数をかけたり，同じ負の数でわったりしたときだけ，不等号の向きが逆になる。

2

(1) $\begin{cases} 5x-21<2x & \cdots\cdots① \\ 4x-8>12-x & \cdots\cdots② \end{cases}$

①を解くと

$5x-\boxed{2}^{ア}x<\boxed{21}^{イ}$

$\boxed{3}^{ウ}x<\boxed{21}^{エ}$

$x<\boxed{7}^{オ}$ ……③

②を解くと

$4x+x>12+\boxed{8}^{カ}$

$\boxed{5}^{キ}x>\boxed{20}^{ク}$

$x>\boxed{4}^{ケ}$ ……④

よって，③，④をともにみたす x の値の範囲は

$\boxed{4}^{コ}<x<\boxed{7}^{サ}$

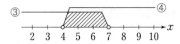

(2) $5x-7<8x+5\leqq -2x+15$

$\begin{cases} 5x-7<8x+5 & \cdots\cdots① \\ 8x+5\leqq -2x+15 & \cdots\cdots② \end{cases}$

①を解くと

$5x-\boxed{8}^{ア}x<5+\boxed{7}^{イ}$

$\boxed{-3}^{ウ}x<\boxed{12}^{エ}$

$x>\boxed{-4}^{オ}$ ……③

②を解くと

$8x+\boxed{2}^{カ}x\leqq 15-\boxed{5}^{キ}$

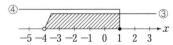

$x\leqq \boxed{1}^{コ}$ ……④

よって，③，④をともにみたす x の値の範囲は

$\boxed{-4}^{サ}<x\leqq \boxed{1}^{シ}$

3

(1) $x^2-8x+15\geqq 0$

2次方程式 $x^2-8x+15=0$ の解は

$(x-3)(x-\boxed{5}^{ア})=0$ から

$x=\boxed{3}^{イ}, 5$

よって，求める不等式の解は

$x\leqq \boxed{3}^{ウ}$, $\boxed{5}^{エ}\leqq x$

(2) $x^2-5x-14<0$

2次方程式 $x^2-5x-14=0$ の解は

$(x+\boxed{2}^{ア})(x-\boxed{7}^{イ})=0$ から

$x=-\boxed{2}^{ウ}, \boxed{7}^{エ}$

よって，求める不等式の解は

$-\boxed{2}^{オ}<x<\boxed{7}^{カ}$

● 練習問題1 ● p.32

1

(1) $5x-4\geqq 9x-8$

$5x-9x\geqq -8+4$

$-4x\geqq -4$

$x\leqq 1$ 答 $x\leqq 1$

(2) $2(4x-5)<3x+10$

$8x-10<3x+10$

$8x-3x<10+10$

$5x<20$

$x<4$ 答 $x<4$

2

(1) $\begin{cases} x+3\geqq 4x-15 & \cdots\cdots① \\ 3(x+2)+2x>21 & \cdots\cdots② \end{cases}$

①を解くと

$x-4x\geqq -15-3$

$-3x\geqq -18$

$x\leqq 6$ ……③

②を解くと

$3x+6+2x>21$

$5x>21-6$

$5x>15$

$x>3$ ……④
よって，③，④をともにみたす
x の値の範囲は
$3<x\leqq 6$ 答 $3<x\leqq 6$

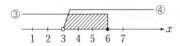

(2) $3x-6<2x+5<7x+5$
$\begin{cases} 3x-6<2x+5 &……① \\ 2x+5<7x+5 &……② \end{cases}$
①を解くと
$3x-2x<5+6$
$\quad x<11$ ……③
②を解くと
$2x-7x<5-5$
$\quad -5x<0$
$\quad x>0$ ……④
よって，③，④をともにみたす
x の値の範囲は
$0<x<11$ 答 $0<x<11$

3

(1) $x^2+x-42>0$
2次方程式 $x^2+x-42=0$ の解は
$(x+7)(x-6)=0$ から
$\quad x=-7,\ 6$
よって，求める不等式の解は
$x<-7,\ 6<x$ 答 $x<-7,\ 6<x$

(2) $-x^2-x+6\geqq 0$
$x^2+x-6\leqq 0$
2次方程式 $x^2+x-6=0$ の解は
$(x+3)(x-2)=0$ から
$\quad x=-3,\ 2$
よって，求める不等式の解は
$-3\leqq x\leqq 2$ 答 $-3\leqq x\leqq 2$

● 練習問題2 ● p.33

1

(1) $6-5(x+2)\leqq 2x+3$
$6-5x-10\leqq 2x+3$
$-5x-2x\leqq 3-6+10$
$-7x\leqq 7$
$\quad x\geqq -1$ 答 $x\geqq -1$

(2) $\dfrac{x}{4}+3>\dfrac{x}{2}$
両辺に4をかけると
$x+12>2x$
$x-2x>-12$
$-x>-12$
$\quad x<12$ 答 $x<12$

2

(1) $\begin{cases} 3x-5<7x+15 &……① \\ 2(x-3)<3-x &……② \end{cases}$
①を解くと
$3x-7x<15+5$
$\quad -4x<20$
$\quad x>-5$ ……③
②を解くと
$2x-6<3-x$
$2x+x<3+6$
$\quad 3x<9$
$\quad x<3$ ……④
よって，③，④をともにみたす
x の値の範囲は
$-5<x<3$ 答 $-5<x<3$

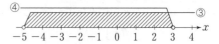

(2) $2x\leqq 3x+1<2(x+1)$
$\begin{cases} 2x\leqq 3x+1 &……① \\ 3x+1<2(x+1) &……② \end{cases}$
①を解くと
$2x-3x\leqq 1$
$\quad -x\leqq 1$
$\quad x\geqq -1$ ……③
②を解くと
$3x+1<2x+2$
$3x-2x<2-1$
$\quad x<1$ ……④

よって，③，④をともにみたす
x の値の範囲は

$$-1 \leqq x < 1 \qquad \text{答} \ -1 \leqq x < 1$$

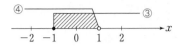

3

(1) $x^2-14x+24>0$

2次方程式 $x^2-14x+24=0$ の解は

$(x-2)(x-12)=0$ から $x=2,\ 12$

よって，求める不等式の解は

$$x<2,\ 12<x \qquad \text{答} \ x<2,\ 12<x$$

(2) $x^2-5x-2 \leqq 0$

2次方程式 $x^2-5x-2=0$ の解は

$$x = \frac{-(-5) \pm \sqrt{(-5)^2 - 4 \times 1 \times (-2)}}{2 \times 1}$$

$$= \frac{5 \pm \sqrt{33}}{2}$$

よって，求める不等式の解は

$$\frac{5-\sqrt{33}}{2} \leqq x \leqq \frac{5+\sqrt{33}}{2}$$

$$\text{答} \ \frac{5-\sqrt{33}}{2} \leqq x \leqq \frac{5+\sqrt{33}}{2}$$

9　1次関数とグラフ

本冊 p.35〜p.37

● 確認問題 ●　　　p.35

1

(1) 傾きが4なので，

$y = {}^{\text{ア}}\boxed{4}\, x+b$ と表せる。

$x=2,\ y=-4$ を代入すると，

${}^{\text{イ}}\boxed{-4} = 4 \times {}^{\text{ウ}}\boxed{2} + b$

$b = {}^{\text{エ}}\boxed{-12}$

よって，$y = {}^{\text{オ}}\boxed{4}\, x - {}^{\text{カ}}\boxed{12}$

(2) 傾きは，$\dfrac{{}^{\text{ア}}\boxed{-3}-3}{2-({}^{\text{イ}}\boxed{-1})} = {}^{\text{ウ}}\boxed{-2}$ なので，

$y = {}^{\text{エ}}\boxed{-2}\, x+b$ と表せる。

$x=2,\ y=-3$ を代入すると，

${}^{\text{オ}}\boxed{-3} = -2 \times {}^{\text{カ}}\boxed{2} + b$

$b = {}^{\text{キ}}\boxed{1}$

よって，$y = {}^{\text{ク}}\boxed{-2}\, x + {}^{\text{ケ}}\boxed{1}$

(3) 求める直線の傾きは，${}^{\text{ア}}\boxed{-2}$ なので，

$y = {}^{\text{イ}}\boxed{-2}\, x+b$ と表せる。

$x=2,\ y=1$ を代入すると，

${}^{\text{ウ}}\boxed{1} = -2 \times {}^{\text{エ}}\boxed{2} + b$

$b = {}^{\text{オ}}\boxed{5}$

よって，$y = {}^{\text{カ}}\boxed{-2}\, x + {}^{\text{キ}}\boxed{5}$

2

$y=x-1$ ……①　$y=-2x+5$ ……②

①，②より

$x-1 = -2x+5$　⇐ y を消去する

$x + {}^{\text{ア}}\boxed{2}\, x = 5 + {}^{\text{イ}}\boxed{1}$

${}^{\text{ウ}}\boxed{3}\, x = {}^{\text{エ}}\boxed{6}$

$x = {}^{\text{オ}}\boxed{2}$

これを①に代入すると，

$y = {}^{\text{カ}}\boxed{2} - 1$

$ = {}^{\text{キ}}\boxed{1}$

よって，交点の座標は (${}^{\text{ク}}\boxed{2}$, ${}^{\text{ケ}}\boxed{1}$)

●練習問題1● p.36

1

(1) 傾きが -2 なので，
$y=-2x+b$ と表せる。
$x=-2$, $y=3$ を代入すると，
$3=-2\times(-2)+b$
$b=-1$
よって，$y=-2x-1$ 答 $y=-2x-1$

(2) 傾きは，$\dfrac{-1-(-3)}{2-(-2)}=\dfrac{1}{2}$ なので，
$y=\dfrac{1}{2}x+b$ と表せる。
$x=2$, $y=-1$ を代入すると，
$-1=\dfrac{1}{2}\times 2+b$
$b=-2$
よって，$y=\dfrac{1}{2}x-2$ 答 $y=\dfrac{1}{2}x-2$

(3) 求める直線の傾きは，3 なので，
$y=3x+b$ と表せる。
$x=2$, $y=3$ を代入すると，
$3=3\times 2+b$
$b=-3$
よって，$y=3x-3$ 答 $y=3x-3$

2

$y=4x-3$ ……① $y=-2x+6$ ……②とおく。
①，②より
$4x-3=-2x+6$
$4x+2x=6+3$
$6x=9$
$x=\dfrac{3}{2}$
これを①に代入すると，
$y=4\times\dfrac{3}{2}-3$
$=6-3$
$=3$
よって，交点の座標は $\left(\dfrac{3}{2},\ 3\right)$ 答 $\left(\dfrac{3}{2},\ 3\right)$

●練習問題2● p.37

1

(1) 傾きが $-\dfrac{1}{2}$ なので，
$y=-\dfrac{1}{2}x+b$ と表せる。
$x=4$, $y=1$ を代入すると，
$1=-\dfrac{1}{2}\times 4+b$
$b=3$
よって，$y=-\dfrac{1}{2}x+3$ 答 $y=-\dfrac{1}{2}x+3$

(2) 傾きは，$\dfrac{4-(-2)}{3-(-1)}=\dfrac{3}{2}$ なので，
$y=\dfrac{3}{2}x+b$ と表せる。
$x=3$, $y=4$ を代入すると，
$4=\dfrac{3}{2}\times 3+b$
$b=\dfrac{8}{2}-\dfrac{9}{2}=-\dfrac{1}{2}$
よって，$y=\dfrac{3}{2}x-\dfrac{1}{2}$ 答 $y=\dfrac{3}{2}x-\dfrac{1}{2}$

(3) 求める直線の傾きは，$-\dfrac{1}{3}$ なので，
$y=-\dfrac{1}{3}x+b$ と表せる。
$x=6$, $y=3$ を代入すると，
$3=-\dfrac{1}{3}\times 6+b$
$b=5$
よって，$y=-\dfrac{1}{3}x+5$ 答 $y=-\dfrac{1}{3}x+5$

2

$y=3x-1$ ……① $y=-x+1$ ……②とおく。
①，②より
$3x-1=-x+1$
$3x+x=1+1$
$4x=2$
$x=\dfrac{1}{2}$
これを②に代入すると，
$y=-\dfrac{1}{2}+1$
$=\dfrac{1}{2}$
よって，交点の座標は $\left(\dfrac{1}{2},\ \dfrac{1}{2}\right)$ 答 $\left(\dfrac{1}{2},\ \dfrac{1}{2}\right)$

10 2次関数とグラフ

本冊 p.39～p.41

● 確認問題 ● p.39

1

(1) 頂点が原点なので, $y=ax^2$ と表せる。
 $x=-3$, $y=27$ を代入すると,
 $^ア\boxed{27}=a\times(^イ\boxed{-3})^2$
 $a=^ウ\boxed{3}$
 したがって, $y=^エ\boxed{3}x^2$

(2) $y=-x^2$ のグラフを頂点が (p, q) になるように平行移動したものは, $y=-(x-p)^2+q$ と表せる。
 頂点が点 $(-1, 5)$ なので
 $p=^ア\boxed{-1}$, $q=^イ\boxed{5}$
 したがって, $y=-(x+^ウ\boxed{1})^2+^エ\boxed{5}$

2

$y=x^2+8x+^ア\boxed{4}^2-^イ\boxed{4}^2+7$
$=(x+^ウ\boxed{4})^2-^エ\boxed{16}+7$
$=(x+^オ\boxed{4})^2-^カ\boxed{9}$

したがって, 軸の方程式 $x=^キ\boxed{-4}$
頂点の座標 $(^ク\boxed{-4}, ^ケ\boxed{-9})$

3

$y=x^2-3x-8$ ……① $y=x+4$ ……②
①, ②より
$x^2-3x-8=x+4$ ⬅ y を消去する
$x^2-^ア\boxed{4}x-^イ\boxed{12}=0$
$(x+^ウ\boxed{2})(x-^エ\boxed{6})=0$
$x=-^オ\boxed{2}$, $^カ\boxed{6}$
$x=-^キ\boxed{2}$ を②に代入すると,
$y=-^ク\boxed{2}+4=^ケ\boxed{2}$
$x=^コ\boxed{6}$ を②に代入すると,
$y=^サ\boxed{6}+4=^シ\boxed{10}$
よって, 交点の座標は
$(-^ス\boxed{2}, ^セ\boxed{2})$, $(^ソ\boxed{6}, ^タ\boxed{10})$

● 練習問題1 ● p.40

1

(1) 頂点が原点なので, $y=ax^2$ と表せる。
 $x=4$, $y=32$ を代入すると,
 $32=a\times4^2$
 $a=2$
 したがって, $y=2x^2$ 　　答 $y=2x^2$

(2) $y=-2x^2$ のグラフを頂点が (p, q) になるように平行移動したものは, $y=-2(x-p)^2+q$ と表せる。
 頂点が点 $(-3, -2)$ なので
 $p=-3$, $q=-2$
 したがって, $y=-2(x+3)^2-2$
 　　答 $y=-2(x+3)^2-2$

2

(1) $y=x^2-6x+5$
 $y=x^2-6x+3^2-3^2+5$
 $=(x-3)^2-9+5$
 $=(x-3)^2-4$
 したがって, 軸の方程式 $x=3$
 　　頂点の座標 $(3, -4)$
 　　答 軸 $x=3$, 頂点 $(3, -4)$

(2) $y=3x^2-12x+6$
 $y=3(x^2-4x)+6$
 $=3(x^2-4x+2^2-2^2)+6$
 $=3\{(x-2)^2-4\}+6$
 $=3(x-2)^2-12+6$
 $=3(x-2)^2-6$
 したがって, 軸の方程式 $x=2$
 　　頂点の座標 $(2, -6)$
 　　答 軸 $x=2$, 頂点 $(2, -6)$

3

$y=x^2+x-5$ ……① $y=-4x+9$ ……②
①, ②より
 $x^2+x-5=-4x+9$
 $x^2+5x-14=0$
 $(x+7)(x-2)=0$
 $x=-7$, 2
$x=-7$ を②に代入すると, $y=-4\times(-7)+9=37$
$x=2$ を②に代入すると, $y=-4\times2+9=1$
よって, 交点の座標は $(-7, 37), (2, 1)$
　　答 $(-7, 37), (2, 1)$

● 練習問題2 ●　　　　　　　　　p.41

1

(1) 頂点が原点なので，$y=ax^2$ と表せる。
　　$x=-3$, $y=3$ を代入すると，
　　　$3=a\times(-3)^2$
　　　$a=\dfrac{1}{3}$
　　したがって，$y=\dfrac{1}{3}x^2$　　　　答 $y=\dfrac{1}{3}x^2$

(2) $y=\dfrac{1}{2}x^2$ のグラフを頂点が (p, q) になるように平行移動したものは，$y=\dfrac{1}{2}(x-p)^2+q$ と表せる。
　　頂点が点 $(2, -5)$ なので，
　　　$p=2$, $q=-5$
　　したがって，$y=\dfrac{1}{2}(x-2)^2-5$
　　　　　　　　答 $y=\dfrac{1}{2}(x-2)^2-5$

2

(1) $y=x^2+x+1$
　　$y=x^2+x+\left(\dfrac{1}{2}\right)^2-\left(\dfrac{1}{2}\right)^2+1$
　　　$=\left(x+\dfrac{1}{2}\right)^2-\dfrac{1}{4}+1$
　　　$=\left(x+\dfrac{1}{2}\right)^2+\dfrac{3}{4}$
　　したがって，軸の方程式　$x=-\dfrac{1}{2}$
　　　　　　　頂点の座標　$\left(-\dfrac{1}{2}, \dfrac{3}{4}\right)$
　　　答 軸 $x=-\dfrac{1}{2}$，頂点 $\left(-\dfrac{1}{2}, \dfrac{3}{4}\right)$

(2) $y=-2x^2-4x-1$
　　$y=-2(x^2+2x)-1$
　　　$=-2(x^2+2x+1^2-1^2)-1$
　　　$=-2\{(x+1)^2-1\}-1$
　　　$=-2(x+1)^2+2-1$
　　　$=-2(x+1)^2+1$
　　したがって，軸の方程式　$x=-1$
　　　　　　　頂点の座標　$(-1, 1)$
　　　　　答 軸 $x=-1$，頂点 $(-1, 1)$

3

$y=2x^2+3x-16$ ……①
$y=x+8$ ……②
①，②より
　$2x^2+3x-16=x+8$
　$2x^2+2x-24=0$
　$x^2+x-12=0$
　$(x+4)(x-3)=0$
　　　$x=-4, 3$
$x=-4$ を②に代入すると，
　$y=-4+8=4$
$x=3$ を②に代入すると，
　$y=3+8=11$
よって，交点の座標は，
　$(-4, 4)$, $(3, 11)$　　　答 $(-4, 4)$, $(3, 11)$

11 図形と角・合同な図形・平行線と線分の比

本冊 p.43〜p.45

● 確認問題 ●　　　　　　p.43

1

○＝180°−150°＝ア $\boxed{30}$ °

l と m に平行な直線 n を引くと，錯角から，

●＋30°＝イ $\boxed{75}$ °

●＝ウ $\boxed{75}$ °−30°

　＝エ $\boxed{45}$ °

対頂角より，

∠x＝● なので，

∠x＝オ $\boxed{45}$ °

2

図のように補助線を引くと，外角の性質から，

∠x＝(●＋30°)＋(○＋ア $\boxed{35}$ °)

　＝(●＋○)＋イ $\boxed{65}$ °

　＝ウ $\boxed{80}$ °＋65°

　＝エ $\boxed{145}$ °

3

x：ア $\boxed{20}$ ＝イ $\boxed{6}$ ：(6＋9)

x：ウ $\boxed{20}$ ＝エ $\boxed{6}$ ：15

　15x＝オ $\boxed{120}$

　　x＝カ $\boxed{8}$

4

△ACM と △BDM において，

仮定より，CM＝ア $\boxed{DM}$ ……①

対頂角より，∠AMC＝∠イ $\boxed{BMD}$ ……②

また，AC∥DB より，ウ $\boxed{錯角}$ が等しいので，

　∠ACM＝∠BDM ……③

①，②，③より

エ $\boxed{1組の辺とその両端の角}$ がそれぞれ等しいので，

　△ACM≡△BDM

参照 ⇒ 本冊p.42 2

● 練習問題1 ●　　　　　　p.44

1

(1)

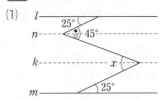

l と m に平行な直線 n と k を引くと，錯角から，

●＝25° なので

○＝45°−25°

　＝20°

よって，∠x＝20°＋25°

　　　　　　　＝45°　　　答 ∠x＝45°

(2)

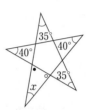

外角の性質から，

●＝35°＋35°

　＝70°

○＝40°＋40°

　＝80°

三角形の内角の和は180°なので，

∠x＋70°＋80°＝180°

∠x＝180°−(70°＋80°)

　　＝30°　　　　　　　答 ∠x＝30°

2

△BDM と △CEM において，

仮定より，BM＝CM ……①

対頂角より，∠BMD＝∠CME ……②

①，②より

直角三角形の斜辺と1つの鋭角が

それぞれ等しいので，

　△BDM≡△CEM

3

x：10＝24：12 だから，

　12x＝240

　　x＝20　　　　　　　答 x＝20

●●●チャレンジ問題●●● —— SPI 図形

[解法例]

をP，をQ，をR，をS，をTとする。時計回りにP→S→Q→Tの配置になるものを選べばよい。

Pを基準にパーツの配置を照合すると

AはP→T→R→S，BはP→S→R→T

CはP→S→R→T，DはP→T→R→S

EはP→T→R→S，FはP→T→R→S

GはP→S→Q→Tであるので，

同じ配置のものはG。よって，正解はG。　　答 G

● 練習問題2 ●　　　　　　　　p.45

1

(1)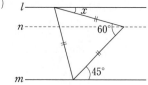

l と m に平行な直線 n を引くと，錯角から，

$\angle x + 45° = 60°$

$\angle x = 60° - 45°$

$\angle x = 15°$　　　　　答 $\angle x = 15°$

(2)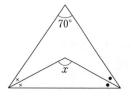

三角形の内角の和は180°なので，

$\angle x + (\bullet + \times) = 180°$ ……①

$70° + 2(\bullet + \times) = 180°$ ……②

②より

$2(\bullet + \times) = 180° - 70°$

$2(\bullet + \times) = 110°$

$\bullet + \times = 55°$

これを①に代入すると，

$\angle x + 55° = 180°$

$\angle x = 180° - 55°$

$= 125°$　　　　答 $\angle x = 125°$

(3) 内角の和の公式から，

$180° \times (8 - 2)$

$= 180° \times 6$

$= 1080°$　　　　答 $1080°$

(4) 外角の和は360°なので，

$360° \div 30° = 12$　　　　答 正十二角形

2

△ABEと△ADCにおいて

△ABDと△ACEは正三角形なので，

　AB＝AD ……①

　AE＝AC ……②

　∠CAE＝∠DAB＝60° ……③

また，∠BAE＝∠BAC＋∠CAE ……④

　　　∠DAC＝∠BAC＋∠DAB ……⑤

③，④，⑤より

　∠BAE＝∠DAC ……⑥

①，②，⑥より

2組の辺とその間の角がそれぞれ等しいので，

　△ABE≡△ADC

●●●チャレンジ問題●●● —— SPI 図形

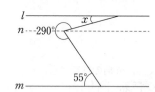

l と m に平行な直線 n を引くと，錯角から，

$\angle x + 55° = 360° - 290°$

$\angle x + 55° = 70°$

　　$\angle x = 70° - 55°$

　　$\angle x = 15°$

よって，正解はB。　　　　　　答 B

12 図形の面積・体積

本冊 p.47〜p.49

● 確認問題 ● p.47

1

(1) 台形の高さを h cm とする。
$h : 6 =$ ア$\boxed{1}$: イ$\boxed{2}$ より ← を利用
ウ$\boxed{2}$ $h = 6$
$h =$ エ$\boxed{3}$ (cm)
よって，求める面積は，
$\dfrac{1}{2} \times (8 +$ オ$\boxed{12}$ $) \times$ カ$\boxed{3}$
$=$ キ$\boxed{30}$ (cm²)

(2) おうぎ形 OAB の面積は，
$\pi \times$ ア$\boxed{8}$ $^2 \times \dfrac{1}{イ\boxed{4}} =$ ウ$\boxed{16}$ π (cm²)

AO を直径とする半円の面積は，
$\pi \times$ エ$\boxed{4}$ $^2 \times \dfrac{1}{オ\boxed{2}} =$ カ$\boxed{8}$ π (cm²)

よって，求める面積は，
キ$\boxed{16}$ $\pi -$ ク$\boxed{8}$ $\pi =$ ケ$\boxed{8}$ π (cm²)

2

(1) 体積は，
$(\pi \times$ ア$\boxed{5}$ $^2) \times 20$
$=$ イ$\boxed{500}$ π (cm³)

表面積は，
底面積 $\pi \times$ ウ$\boxed{5}$ ^{2}
$=$ エ$\boxed{25}$ π (cm²)

側面積 $20 \times (\pi \times$ オ$\boxed{10}$ $)$
$=$ カ$\boxed{200}$ π (cm²) より

キ$\boxed{25}$ $\pi \times 2 +$ ク$\boxed{200}$ π
$=$ ケ$\boxed{250}$ π (cm²)

(2) 体積は，
$\dfrac{4}{3} \pi \times$ ア$\boxed{3}$ $^3 \times \dfrac{1}{イ\boxed{2}}$
$=$ ウ$\boxed{18}$ π (cm³)

表面積は，
底面積(切り口の円)
$\pi \times$ エ$\boxed{3}$ $^2 =$ オ$\boxed{9}$ π (cm²)

側面積(球の表面)
$4\pi \times$ カ$\boxed{3}$ $^2 \times \dfrac{1}{キ\boxed{2}} =$ ク$\boxed{18}$ π (cm²)

より
$9\pi +$ ケ$\boxed{18}$ π
$=$ コ$\boxed{27}$ π (cm²)

● 練習問題 1 ● p.48

1

(1) 影の部分は，1辺 10 cm の正三角形。
高さを h cm とすると，
$h : 10 = \sqrt{3} : 2$
$2h = 10\sqrt{3}$
$h = 5\sqrt{3}$
よって，求める面積は，
$\dfrac{1}{2} \times 10 \times 5\sqrt{3} = 25\sqrt{3}$ (cm²)

答 $25\sqrt{3}$ cm²

(2) 半径 15 cm の円の面積は，
$\pi \times 15^2 = 225\pi$ (cm²)
半径 10 cm の円の面積は，
$\pi \times 10^2 = 100\pi$ (cm²)
半径 5 cm の円の面積は，
$\pi \times 5^2 = 25\pi$ (cm²)
よって，求める面積は，
$225\pi - (100\pi + 25\pi)$
$= 225\pi - 125\pi$
$= 100\pi$ (cm²)

答 100π cm²

2

(1) 円錐の高さを h cm とすると，
$h^2 + 2^2 = 6^2$
$h^2 + 4 = 36$
$h^2 = 36 - 4$
$h^2 = 32$
$h > 0$ なので，$h = 4\sqrt{2}$ (cm)
体積は，
$(\pi \times 2^2) \times 4\sqrt{2} \times \dfrac{1}{3}$
$= \dfrac{16\sqrt{2}}{3} \pi$ (cm³)

表面積は，
底面積 $\pi \times 2^2 = 4\pi$ (cm²)
側面積 $\pi \times 6^2 \times \dfrac{2\pi \times 2}{2\pi \times 6} = 12\pi$ (cm²) より
$4\pi + 12\pi$
$= 16\pi$ (cm²)

答 体積 $\dfrac{16\sqrt{2}}{3} \pi$ cm³，表面積 16π cm²

(2) 体積は，
$\dfrac{4}{3} \pi \times 4^3 \times \dfrac{1}{2} = \dfrac{128}{3} \pi$ (cm³)

表面積は，
底面積(切り口の円)

$\pi \times 4^2 = 16\pi \, (\text{cm}^2)$

側面積(球の表面)

$4\pi \times 4^2 \times \dfrac{1}{2} = 32\pi \, (\text{cm}^2)$ より

$16\pi + 32\pi = 48\pi \, (\text{cm}^2)$

答 体積 $\dfrac{128}{3}\pi \, \text{cm}^3$,　表面積 $48\pi \, \text{cm}^2$

●●●チャレンジ問題●●● ── SPI 図形

下の展開図のうち，半円イを底面とし，アとウを側面として組み立てることを考える。

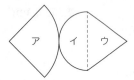

組み立てた立体は，下図のように円錐を半分に切ったものになるからGとなる。　　　答 G

●練習問題2●　　p.49

1

(1) $BC = 10 \, (\text{cm})$ より

$\dfrac{1}{2} \times 10 \times 5 = 25 \, (\text{cm}^2)$　　答 $25 \, \text{cm}^2$

(2) 1辺が 10 cm の正方形の面積は，

$10 \times 10 = 100 \, (\text{cm}^2)$

半径 5 cm のおうぎ形の面積は，

$\pi \times 5^2 \times \dfrac{1}{4} = \dfrac{25}{4}\pi \, (\text{cm}^2)$

よって，求める面積は，

$100 - \dfrac{25}{4}\pi \times 4$

$= 100 - 25\pi \, (\text{cm}^2)$　　答 $100 - 25\pi \, (\text{cm}^2)$

2

(1) 体積は，

$\dfrac{1}{2} \times 5 \times 12 \times 10$

$= 300 \, (\text{cm}^3)$

表面積は，

底面積　$\dfrac{1}{2} \times 5 \times 12$

$= 30 \, (\text{cm}^2)$

また，底面の三角形の残りの1辺の長さを x cm とすると，

$x^2 = 5^2 + 12^2$

　$= 25 + 144$

　$= 169$

$x > 0$ より　$x = 13 \, (\text{cm})$ なので，

側面積　$10 \times (5 + 12 + 13)$

　$= 10 \times 30$

　$= 300 \, (\text{cm}^2)$

よって，

$30 \times 2 + 300$

$= 60 + 300 = 360 \, (\text{cm}^2)$

答 体積 $300 \, \text{cm}^3$,　表面積 $360 \, \text{cm}^2$

(2) 円錐の母線の長さを x cm とすると，

$x^2 = 3^2 + 4^2$

　$= 9 + 16$

　$= 25$

$x > 0$ より　$x = 5 \, (\text{cm})$ なので，

体積は，

$(\pi \times 3^2) \times 4 \times \dfrac{1}{3}$

$= 12\pi \, (\text{cm}^3)$

表面積は，

底面積　$\pi \times 3^2 = 9\pi \, (\text{cm}^2)$

側面積　$\pi \times 5^2 \times \dfrac{2\pi \times 3}{2\pi \times 5} = 15\pi \, (\text{cm}^2)$ より

$9\pi + 15\pi$

$= 24\pi \, (\text{cm}^2)$

答 体積 $12\pi \, \text{cm}^3$,　表面積 $24\pi \, \text{cm}^2$

●●●チャレンジ問題●●● ── SPI 図形

底面積(切り口の円)

$\pi \times 8^2$

$= 64\pi \, (\text{cm}^2)$

側面積(球の表面)

$4\pi \times 8^2 \times \dfrac{1}{2}$

$= 128\pi \, (\text{cm}^2)$ より

$64\pi + 128\pi$

$= 192\pi \, (\text{cm}^2)$

よって，正解はD。　　答 D

13 三角比

本冊 p.51〜p.53

● 確認問題 ● p.51

1

(1) $\sin 60° + \cos 30° + \tan 60°$
$= \boxed{\dfrac{\sqrt{3}}{2}}^{ア} + \dfrac{\sqrt{3}}{2} + \boxed{\sqrt{3}}^{イ} = \boxed{2\sqrt{3}}^{ウ}$

(2) $\cos 50° = \cos(90° - \boxed{40}^{ア}°) = \sin \boxed{40}^{イ}°$
$\sin 140° = \sin(180° - \boxed{40}^{ウ}°)$
$= \sin \boxed{40}^{エ}°$
$\tan 45° = \boxed{1}^{オ}$ から
$\cos 50° - \sin 140° + \tan 45°$
$= \sin \boxed{40}^{カ}° - \sin \boxed{40}^{キ}° + \boxed{1}^{ク}$
$= \boxed{1}^{ケ}$

参照 ⇒ 本冊 p.50 **1**

2

$\cos \theta = \dfrac{4}{5}$ を $\sin^2\theta + \cos^2\theta = 1$ に代入すると,

$\sin^2\theta + \left(\boxed{\dfrac{4}{5}}^{ア}\right)^2 = 1$

よって, $\sin^2\theta = 1 - \boxed{\dfrac{16}{25}}^{イ} = \boxed{\dfrac{9}{25}}^{ウ}$

θ は鋭角だから, $\sin\theta \boxed{>}^{エ} 0$

したがって, $\sin\theta = \boxed{\dfrac{3}{5}}^{オ}$

また, $\tan\theta = \dfrac{\sin\theta}{\cos\theta} = \boxed{\dfrac{3}{5}}^{カ} \div \dfrac{4}{5} = \boxed{\dfrac{3}{4}}^{キ}$

3

$b^2 = c^2 + a^2 - 2ca\cos B$ より
$b^2 = 3^2 + (\boxed{2\sqrt{2}}^{ア})^2$
$\qquad - 2 \times \boxed{3}^{イ} \times 2\sqrt{2} \times \cos \boxed{45}^{ウ}°$
$= 9 + \boxed{8}^{エ} - 2 \times \boxed{3}^{オ} \times 2\sqrt{2} \times \boxed{\dfrac{1}{\sqrt{2}}}^{カ}$
$= 9 + \boxed{8}^{キ} - \boxed{12}^{ク}$
$= \boxed{5}^{ケ}$
$b > 0$ なので, $b = \boxed{\sqrt{5}}^{コ}$

● 練習問題1 ● p.52

1

(1) $\cos 135° = \cos(180° - 45°) = -\cos 45°$
$\cos 120° = \cos(180° - 60°) = -\cos 60°$

よって,
$\sin 45° + \cos 135° - \cos 120°$
$= \sin 45° - \cos 45° - (-\cos 60°)$
$= \dfrac{1}{\sqrt{2}} - \dfrac{1}{\sqrt{2}} - \left(-\dfrac{1}{2}\right)$
$= \dfrac{1}{2}$ 答 $\dfrac{1}{2}$

(2) $(\sin\theta + \cos\theta)^2 + (\sin\theta - \cos\theta)^2$
$= \sin^2\theta + 2\sin\theta\cos\theta + \cos^2\theta$
$\qquad + \sin^2\theta - 2\sin\theta\cos\theta + \cos^2\theta$
$= (\sin^2\theta + \cos^2\theta) + (\sin^2\theta + \cos^2\theta)$
$= 1 + 1$
$= 2$ 答 2

2

$\sin\theta = \dfrac{1}{\sqrt{5}}$ を $\sin^2\theta + \cos^2\theta = 1$ に代入すると,

$\left(\dfrac{1}{\sqrt{5}}\right)^2 + \cos^2\theta = 1$

よって, $\cos^2\theta = 1 - \dfrac{1}{5} = \dfrac{4}{5}$

θ は鋭角だから, $\cos\theta > 0$

したがって, $\cos\theta = \dfrac{2}{\sqrt{5}}$

また, $\tan\theta = \dfrac{\sin\theta}{\cos\theta} = \dfrac{1}{\sqrt{5}} \div \dfrac{2}{\sqrt{5}} = \dfrac{1}{2}$

答 $\cos\theta = \dfrac{2}{\sqrt{5}}$, $\tan\theta = \dfrac{1}{2}$

3

(1) $\dfrac{b}{\sin B} = \dfrac{c}{\sin C}$ より
$\dfrac{6}{\sin 45°} = \dfrac{c}{\sin 60°}$
すなわち $c = \dfrac{6}{\sin 45°} \times \sin 60°$
よって, $c = 6 \div \sin 45° \times \sin 60°$
$= 6 \div \dfrac{1}{\sqrt{2}} \times \dfrac{\sqrt{3}}{2}$
$= 6 \times \dfrac{\sqrt{2}}{1} \times \dfrac{\sqrt{3}}{2} = 3\sqrt{6}$ 答 $3\sqrt{6}$

(2) $S = \dfrac{1}{2}ab\sin C$ より
$S = \dfrac{1}{2} \times 2 \times 5 \times \sin 135°$
$= \dfrac{1}{2} \times 2 \times 5 \times \dfrac{1}{\sqrt{2}}$
$= \dfrac{5}{\sqrt{2}}$
$= \dfrac{5\sqrt{2}}{2}$ 答 $\dfrac{5\sqrt{2}}{2}$

●●●チャレンジ問題●●● —— SPI 図形

$\sin 90° + \tan 45° \sin 60°$
$= 1 + 1 \times \dfrac{\sqrt{3}}{2}$
$= \dfrac{2+\sqrt{3}}{2}$

よって，正解は C 。　　　　　　　　　　　　答 C

● 練習問題2 ●　　　　　　　　　　　　p.53

1

(1) $\sin 135° \sin 60° + \cos 45°$
$= \dfrac{1}{\sqrt{2}} \times \dfrac{\sqrt{3}}{2} + \dfrac{1}{\sqrt{2}}$
$= \dfrac{\sqrt{3}}{2\sqrt{2}} + \dfrac{1}{\sqrt{2}}$
$= \dfrac{\sqrt{6}}{4} + \dfrac{\sqrt{2}}{2}$
$= \dfrac{\sqrt{6}}{4} + \dfrac{2\sqrt{2}}{4}$
$= \dfrac{2\sqrt{2}+\sqrt{6}}{4}$　　　　答 $\dfrac{2\sqrt{2}+\sqrt{6}}{4}$

(2) $(\sin\theta)^2 + (\cos\theta-1)(\cos\theta+1)$
$= \sin^2\theta + \cos^2\theta - 1$
$= 1 - 1$
$= 0$　　　　　　　　　　　　　　　　　答 0

2

$\sin\theta = \dfrac{12}{13}$ を $\sin^2\theta + \cos^2\theta = 1$ に代入すると，
$\left(\dfrac{12}{13}\right)^2 + \cos^2\theta = 1$

よって，$\cos^2\theta = 1 - \dfrac{144}{169} = \dfrac{25}{169}$

θ は鈍角だから，$\cos\theta < 0$

したがって，$\cos\theta = -\dfrac{5}{13}$

また，$\tan\theta = \dfrac{\sin\theta}{\cos\theta} = \dfrac{12}{13} \div \left(-\dfrac{5}{13}\right) = -\dfrac{12}{5}$

答 $\cos\theta = -\dfrac{5}{13}$，$\tan\theta = -\dfrac{12}{5}$

3

(1) $B = 180° - (45° + 105°)$
$= 180° - 150°$
$= 30°$

$\dfrac{b}{\sin B} = 2R$ より

$\dfrac{2}{\sin 30°} = 2R$

すなわち，$R = \dfrac{2}{\sin 30°} \times \dfrac{1}{2}$

よって，$R = 2 \div \sin 30° \times \dfrac{1}{2}$

$= 2 \div \dfrac{1}{2} \times \dfrac{1}{2}$
$= 2 \times \dfrac{2}{1} \times \dfrac{1}{2}$
$= 2$　　　　　　　　　　　　　　　　答 2

(2) $c^2 = a^2 + b^2 - 2ab\cos C$　より
$c^2 = 5^2 + 3^2 - 2 \times 5 \times 3 \times \cos 120°$
$= 25 + 9 - 2 \times 5 \times 3 \times \left(-\dfrac{1}{2}\right)$
$= 49$

$c > 0$ なので
$c = 7$　　　　　　　　　　　　　　答 $c = 7$

●●●チャレンジ問題●●● —— SPI 図形

$S = \dfrac{1}{2}ab\sin C$ より

$S = \dfrac{1}{2} \times 7 \times 8 \times \sin 120°$
$= \dfrac{1}{2} \times 7 \times 8 \times \dfrac{\sqrt{3}}{2}$
$= 14\sqrt{3}$

よって，正解は D 。　　　　　　　　　　答 D

14 集合と要素・命題と証明

本冊 p.55〜p.57

● 確認問題 ●　　　　p.55

1
(1) $A \cap B = \{^{ア}\boxed{5}, {}^{イ}\boxed{7}\}$
(2) $\overline{A \cup B} = \{^{ア}\boxed{6}, {}^{イ}\boxed{8}\}$

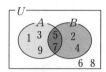

ポイント
集合は，図にするとわかりやすい。

2
(1) $A = \{5, {}^{ア}\boxed{10}, {}^{イ}\boxed{15}, 20\}$ だから
$n(A) = {}^{ウ}\boxed{4}$
(2) $n(\overline{A}) = n(U) - n(A)$
$= {}^{ア}\boxed{20} - {}^{イ}\boxed{4}$
$= {}^{ウ}\boxed{16}$

3
命題「$x^2 = 9 \Longrightarrow x = 3$」は ${}^{ア}\boxed{偽}$ であり，
反例は $x = {}^{イ}\boxed{-3}$ である。

4
命題「$5x - 10 = 0 \Longrightarrow x = 2$」と，
「$x = 2 \Longrightarrow 5x - 10 = 0$」はどちらも
${}^{ア}\boxed{真}$ であるから，
$5x - 10 = 0$ は $x = 2$ であるための
${}^{イ}\boxed{必要十分}$ 条件である。

● 練習問題1 ●　　　　p.56

1
(1) $A \cap B = \{2, 4, 6\}$　　　答 $\{2, 4, 6\}$
(2) $A \cup B = \{1, 2, 3, 4, 5, 6, 7, 8\}$
　　　　　　答 $\{1, 2, 3, 4, 5, 6, 7, 8\}$
(3) $\overline{B} = \{1, 3, 5\}$　　　答 $\{1, 3, 5\}$
(4) $\overline{A \cap B} = \{1, 3, 5, 7, 8\}$ 答 $\{1, 3, 5, 7, 8\}$

2
(1) 命題「$-5 < x < 3 \Longrightarrow -3 < x < 5$」は偽であり，反例は $x = -4$ である。
　　　　　答 偽　反例：$x = -4$
(2) 命題「n は奇数 $\Longrightarrow n$ は4の倍数でない」の真偽と命題の対偶「n は4の倍数 $\Longrightarrow n$ は偶数」の真偽は一致する。
4の倍数の集合を P，偶数の集合を Q とすると $P \subset Q$ が成り立つ。
よって，真となるので，もとの命題も真である。
　　　　　答 真

3
(1) 命題「$x > 5 \Longrightarrow x > 3$」は真であるから，$x > 3$ は $x > 5$ であるための $\boxed{必要}$ 条件である。
　　　　　答 必要(条件)
(2) 命題「長方形 $\Longrightarrow$ 平行四辺形」は真であるから，長方形は平行四辺形であるための $\boxed{十分}$ 条件である。　　　　答 十分(条件)

●●●チャレンジ問題●●● ── SPI 集合

「味」が○と答えた人の集合を A，「見た目」が○と答えた人の集合を B とする。

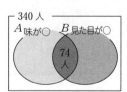

「味」が○または「見た目」が○と答えた人は，
$202 + 166 - 74 = 294$(人)なので，「味」，「見た目」ともに×と答えた人は，
$340 - 294 = 46$(人)
よって，正解はD。　　　　答 D

● 練習問題2 ● p.57

1

(1) $A=\{2, 4, 6, 8, 10, 12, 14, 16, 18, 20, 22, 24, 26, 28, 30\}$ だから
$n(A)=15$ 答 15

(2) $B=\{5, 10, 15, 20, 25, 30\}$ だから
$n(B)=6$ 答 6

(3) $A \cap B=\{10, 20, 30\}$ だから
$n(A \cap B)=3$
$n(A \cup B)=n(A)+n(B)-n(A \cap B)$
$=15+6-3=18$ 答 18

(4) $n(\overline{A \cup B})=n(U)-n(A \cup B)$
$=30-18$
$=12$ 答 12

2

(1) 命題「$x=-3 \Longrightarrow x^2+4x+3=0$」は真である。 答 真

(2) △ABC が直角三角形である集合を P、∠A=90° の三角形である集合を Q とすると $P \supset Q$ が成り立つ。
よって、偽であり、反例は ∠B=90° である。
答 偽、反例：∠B=90°

3

(1) 命題「8 の倍数 $\Longrightarrow$ 4 の倍数」は真であるから、8 の倍数であることは、4 の倍数であるための 十分 条件である。 答 十分(条件)

(2) 命題「$x>3 \Longrightarrow x^2>9$」は真であるから、$x^2>9$ は $x>3$ であるための 必要 条件である。 答 必要(条件)

●●●チャレンジ問題●●● —— SPI 命題と証明

命題「サッカー選手 $\Longrightarrow$ 足が速い」の真偽と命題の対偶「足が速くない $\Longrightarrow$ サッカー選手でない」の真偽は一致する。
また、もとの命題が正しいとき、下の図のような関係が成り立つので、アとイは正しいとは限らない。

よって、ウだけが正しいので、正解はC。 答 C

15 場合の数と確率

本冊 p.59〜p.61

● 確 認 問 題 ● p.59

1

(1) 目の数の和が 6 になる場合は ア[5] 通りあり、目の数の和が 12 になる場合は イ[1] 通りある。
これら 2 つの場合は、同時に起こることはないから、目の数の和が 6 の倍数になる場合の数は
ウ[5] + エ[1] = オ[6] (通り)である。

(2) 大きいさいころの目の数が偶数になる場合は ア[3] 通りあり、小さいさいころも イ[3] 通りある。
よって、目の数がともに偶数になる場合の数は、
ウ[3] × エ[3] = オ[9] (通り)である。

2

異なる ア[4] 個のものから
イ[4] 個取る順列の総数だから、
ウ[4]Pエ[4] $=4 \times 3 \times 2 \times 1=$ オ[24] (通り)

ポイント
異なる n 個のものから、n 個全部を取る順列の総数は n の階乗といい、$n!$ で表せる。
$n!=n(n-1)(n-2)\cdots\cdots\times 3 \times 2 \times 1$

3

10 本のくじの中から 2 本引く組合せの総数は、
ア[10]Cイ[2] $=\dfrac{10 \times 9}{2 \times 1}=$ ウ[45] (通り)

このうち、当たりくじ 3 本の中から 2 本引く組合せの総数は、
エ[3]Cオ[2] $=\dfrac{3 \times 2}{2 \times 1}=$ カ[3] (通り)

よって、求める確率は、
キ$\dfrac{3}{45}=$ ク$\dfrac{1}{15}$

26

●練習問題1● p.60

1

(1) 目の数の積が12になるのは，
(2, 6), (3, 4), (4, 3), (6, 2) の
4通りである。　　　　　　　答 **4通り**

(2) 目の数の和が10になるのは，
(4, 6), (5, 5), (6, 4) の3通り。
目の数の和が11になるのは，
(5, 6), (6, 5) の2通り。
目の数の和が12になるのは，
(6, 6) の1通り。
これら3つの場合は，同時に起こることはないから，目の数の和が10以上になる場合の数は，
$3+2+1=6$（通り）である。　答 **6通り**

2

(1) 5の倍数は一の位が5となればよいので，1, 2, 3, 4の4個から百の位と十の位の2個を取る順列の総数だから，
$_4P_2=4\times3=12$（個）　　　答 **12個**

(2) 7つの点から3つの点を選ぶ選び方だから，
$_7C_3=\dfrac{7\times6\times5}{3\times2\times1}=35$（個）　答 **35個**

3

(1) 2個のさいころの目の出方は，全部で，
$6\times6=36$（通り）
このうち，目の数の和が8になるのは，
(2, 6), (3, 5), (4, 4), (5, 3), (6, 2) の5通りである。
よって，求める確率は $\dfrac{5}{36}$　　答 $\dfrac{5}{36}$

(2) 合計5個の玉の中から2個の玉を取り出す組合せの総数は
$_5C_2=\dfrac{5\times4}{2\times1}=10$（通り）
このうち，白玉2個の中から2個取り出す組合せの総数は，
$_2C_2=\dfrac{2\times1}{2\times1}=1$（通り）
よって，求める確率は $\dfrac{1}{10}$　　答 $\dfrac{1}{10}$

●●●**チャレンジ問題**●●●　——SPI 順列

6種類の花の中から3本を選ぶ組合せの総数だから
$_6C_3=\dfrac{6\times5\times4}{3\times2\times1}=20$（通り）
よって，正解は**B**。　　　　　　　答 **B**

●練習問題2● p.61

1

(1) 英語の参考書の選び方が5通りあり，そのそれぞれに対し数学の参考書の選び方が4通りある。
よって，英語と数学のセットの作り方は，
$5\times4=20$（通り）　　　答 **20通り**

(2) 公園に入るとき，門の選び方が6通りあり，どの門から入る場合に対しても，公園から出るときの門の選び方はそれぞれ5通りある。
よって，通り抜け方は，
$6\times5=30$（通り）　　　答 **30通り**

2

(1) 男5人を1列に並べて，その間に女4人を並べればよい。
男5人の並べ方は，
$5!=5\times4\times3\times2\times1=120$（通り）
あり，その並べ方それぞれに対して，女4人の並べ方が，
$4!=4\times3\times2\times1=24$（通り）
よって，求める場合の数は
$120\times24=2880$（通り）　答 **2880通り**

(2) 縦5本の中から2本を選ぶ選び方は，
$_5C_2=\dfrac{5\times4}{2\times1}=10$（通り）
横4本の中から2本を選ぶ選び方は，
$_4C_2=\dfrac{4\times3}{2\times1}=6$（通り）
よって，求める場合の数は，
$10\times6=60$（個）　　　答 **60個**

3

(1) 5本のくじの中から2本引く組合せの総数は，
$_5C_2=\dfrac{5\times4}{2\times1}=10$（通り）
このうち，はずれくじ3本の中から2本引く組合せの総数は，
$_3C_2=\dfrac{3\times2}{2\times1}=3$（通り）
よって，2本ともはずれくじを引く確率は，
$\dfrac{3}{10}$ なので，
求める確率は，$1-\dfrac{3}{10}=\dfrac{7}{10}$　答 $\dfrac{7}{10}$

(2) 合計7個の玉の中から3個の玉を取り出す組合せの総数は，
$_7C_3=\dfrac{7\times6\times5}{3\times2\times1}=35$（通り）

白玉5個の中から2個取り出す組合せの総数は，
$${}_5C_2 = \frac{5 \times 4}{2 \times 1} = 10（通り）$$
赤玉2個の中から1個取り出す組合せの総数は，
$${}_2C_1 = \frac{2}{1} = 2（通り）$$
よって，求める確率は，
$$\frac{10 \times 2}{35} = \frac{4}{7}$$

答 $\dfrac{4}{7}$

●●●チャレンジ問題●●● ── SPI 確率

12本のくじの中から2本引く組合せの総数は，
$${}_{12}C_2 = \frac{12 \times 11}{2 \times 1} = 66（通り）$$
このうち，当たりくじ3本の中から2本引く組合せの総数は，
$${}_3C_2 = \frac{3 \times 2}{2 \times 1} = 3（通り）$$
よって，求める確率は $\dfrac{3}{66} = \dfrac{1}{22}$

正解はD。

答 D

16 表の読み取り・資料の整理

本冊 p.63〜p.65

● 確 認 問 題 ● p.63

1

(1) $\dfrac{24+20+33+30+26+\overset{ア}{\boxed{32}}+23+24+30+29+26}{\overset{イ}{\boxed{11}}}$

$= \dfrac{\overset{ウ}{\boxed{297}}}{11} = \overset{エ}{\boxed{27}}$（m）

(2) データを小さい順に並べると，
20 23 $\overset{ア}{\boxed{24}}$ 24 26 $\overset{イ}{\boxed{26}}$ 29 30 $\overset{ウ}{\boxed{30}}$ $\overset{エ}{\boxed{32}}$ 33（m）
データが奇数個なので，
中央値は，$\overset{オ}{\boxed{26}}$ m

ポイント
中央値は，データが奇数個のときは中央の値，偶数個のときは，中央の2つの値の平均の値になる。

2
最も大きい度数は $\overset{ア}{\boxed{32}}$ だから，
最頻値は $\overset{イ}{\boxed{56}}$ cm

3
(1) 30代の社員の人数は，それぞれ
企業A：$360 \times 0.4 = \overset{ア}{\boxed{144}}$（人）
企業C：$160 \times 0.2 = \overset{イ}{\boxed{32}}$（人）
よって，$\overset{ウ}{\boxed{144}} \div \overset{エ}{\boxed{32}} = \overset{オ}{\boxed{4.5}}$（倍）

(2) 企業Bの40代の社員の割合は
$100 - (8 + 40 + 35 + 4 + 1) = \overset{ア}{\boxed{12}}$（%）
よって，企業Bの40代の社員の人数は，
$200 \times 0.\overset{イ}{\boxed{12}} = \overset{ウ}{\boxed{24}}$（人）

● 練習問題1 ● p.64

1

(1) $\dfrac{63+57+79+58+64+68+57+82}{8}$

$= \dfrac{528}{8} = 66$（点）

答 66点

(2) データを小さい順に並べると
57 57 58 63 64 68 79 82（点）
データが偶数個なので，
中央値は，$\dfrac{63+64}{2} = 63.5$（点）

答 63.5点

2

最も大きい度数は 43 だから
最頻値は **130(cm)**　　　　　　答 **130 cm**

3

(1) 甲店の肉類の仕入れ量は，
　　$200 \times 0.3 = 60$(kg)
　乙店の乳製品の仕入れ量は，
　　$200 \times 0.2 = 40$(kg)
　よって，$60 \div 40 = 1.5$(倍)　　答 **1.5 倍**

(2) 乙店の肉類の割合は，
　　$100 - (30 + 40) = 30$(%)　なので，
　乙店の肉類の仕入れ量は，
　　$200 \times 0.3 = 60$(kg)
　丙店の野菜類の仕入れ量も 60 kg となるので 3 店舗合わせた野菜類の仕入れ量は，
　　$60 \div 0.2 = 300$(kg)　　答 **300 kg**

●●●チャレンジ問題●●●　── SPI 表の読み取り

校庭と答えた女子の割合は，
　$100 - (35 + 25) = 40$(%)なので，
校門と答えた割合は，男子，女子ともに最も少ない。
よって，池か校庭のどちらかである。
池と答えた男子は，
　$180 \times 0.4 = 72$(人)
女子は，
　$140 \times 0.35 = 49$(人)だから
池と答えた人数は
　$72 + 49 = 121$(人)
また，校庭と答えた男子は，
　$180 \times 0.35 = 63$(人)
女子は，
　$140 \times 0.4 = 56$(人)だから
校庭と答えた人数は
　$63 + 56 = 119$(人)
よって，最も多かったのは，池で 121 人なので正解は C。　　答 **C**

● 練習問題 2 ●　　　　　　　　　　p.65

1

前回の受験者の平均点が 64 点で，
前回の受験者数は，
　$48 - 6 = 42$(人)なので，
前回の受験者の総得点は，
　$64 \times 42 = 2688$(点)
よって，今回の受験者の平均点は，
　$\dfrac{2688}{48} = 56$(点)　　答 **56 点**

2

最も大きい度数は 7 だから，
最頻値は **27 回**　　　　　　答 **27 回**

3

(1) B 市の面積は C 市の面積の $\dfrac{1}{4}$ なので，
　C 市の面積は，
　　$40 \times 4 = 160$(km²)
　よって，C 市の人口密度は，
　　$64000 \div 160 = 400$(人/km²)　答 **400 人/km²**

(2) A 市の人口密度が B 市の人口密度の $\dfrac{1}{5}$ なので，
　A 市の人口密度は，
　　$750 \times \dfrac{1}{5} = 150$(人/km²)
　また，A 市の面積は B 市の面積の 3 倍なので，
　A 市の面積は，
　　$40 \times 3 = 120$(km²)
　よって，A 市の人口は，
　　$150 \times 120 = 18000$(人)　　答 **18000 人**

●●●チャレンジ問題●●●　── SPI 表の読み取り

工場 a の製品Ⅰ，Ⅱ，Ⅲの 1 日の利益はそれぞれ，
　製品Ⅰ：$5 \times 3 = 15$(万円)
　製品Ⅱ：$8 \times 2 = 16$(万円)
　製品Ⅲ：$5 \times 4 = 20$(万円)
工場 b の製品Ⅰ，Ⅱ，Ⅲの 1 日の利益はそれぞれ，
　製品Ⅰ：$6 \times 3 = 18$(万円)
　製品Ⅱ：$7 \times 2 = 14$(万円)
　製品Ⅲ：$5 \times 4 = 20$(万円)
よって，最も利益が出るのは，
　工場 a で製品Ⅲ，工場 b で製品Ⅰの組み合わせなので，正解は E。　　答 **E**

17 さまざまな問題①

本冊 p.67〜p.69

● 確認問題 ●　p.67

1

(時間)＝(距離)÷(速さ) より，

行きにかかった時間は，

$5 \div {}^{ア}\boxed{10} = \dfrac{5}{{}^{イ}\boxed{10}} = \dfrac{1}{{}^{ウ}\boxed{2}}$ (時間)

帰りにかかった時間は，

$5 \div {}^{エ}\boxed{6} = \dfrac{5}{{}^{オ}\boxed{6}}$ (時間)

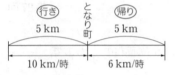

(平均の速さ)
＝(往復の距離)÷(往復するのにかかった時間)

より，

$5 \times 2 \div \left(\dfrac{1}{{}^{カ}\boxed{2}} + \dfrac{5}{{}^{キ}\boxed{6}} \right)$

$= 10 \div \dfrac{{}^{ク}\boxed{4}}{3}$

$= \dfrac{{}^{ケ}\boxed{15}}{2} = 7.5$ (km/時)

2

加える食塩の量を x g とする。

	10 %の食塩水	食塩	混ぜてできた食塩水
食塩水の量(g)	300	x	$300+x$
食塩の量(g)	$300 \times \dfrac{{}^{ア}\boxed{10}}{100} = {}^{イ}\boxed{30}$	x	${}^{ウ}\boxed{30}+x$

混ぜてできた食塩水は濃度が 20 %なので

$\dfrac{{}^{エ}\boxed{30}+x}{300+x} \times 100 = 20$

$100({}^{オ}\boxed{30}+x) = 20(300+x)$

${}^{カ}\boxed{3000} + 100x = 6000 + 20x$

${}^{キ}\boxed{80}\,x = {}^{ク}\boxed{3000}$

$x = {}^{ケ}\boxed{37.5}$ (g)

ポイント
食塩水の問題は，食塩の量を考え方程式をつくる。

● 練習問題1 ●　p.68

1

X と Y の間の距離を x km とする。

行きにかかった時間は，

$x \div 6 = \dfrac{x}{6}$ (時間)

帰りにかかった時間は，

$x \div 3 = \dfrac{x}{3}$ (時間)

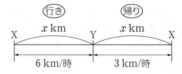

よって，$\dfrac{x}{6} + \dfrac{x}{3} = 2$

両辺に 6 をかけて，

$x + 2x = 12$

$3x = 12$

$x = 4$　　　**答 4 km**

2

	10 %の食塩水	5 %の食塩水	混ぜてできた食塩水
食塩水の量(g)	600	400	1000
食塩の量(g)	$600 \times \dfrac{10}{100} = 60$	$400 \times \dfrac{5}{100} = 20$	80

混ぜてできた食塩水の濃度は，

$\dfrac{80}{1000} \times 100 = 8$ (%)　　**答 8 %**

●●●チャレンジ問題●●●　── SPI 距離，速さ，時間

行きにかかった時間は，

$8 \div 3 = \dfrac{8}{3}$ (時間)

山頂で休憩した時間は，1 時間 20 分なので，

$1 + \dfrac{20}{60} = 1 + \dfrac{1}{3} = \dfrac{4}{3}$ (時間)

帰りにかかった時間は，

$8 \div 4 = 2$ (時間)

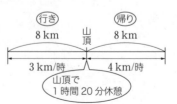

よって，$\dfrac{8}{3} + \dfrac{4}{3} + 2$

$$= \frac{12}{3}+2$$
$$=4+2$$
$$=6(時間)$$

となるので，正解はF。　　　　　　　　　　**答** F

● 練習問題2 ●　　　　　　　　　　p.69

1

峠からB町までの距離を x km とすると
A市から峠までの距離は $13-x$ (km) となる。
A市から峠までにかかった時間は，
$(13-x)\div 3=\frac{13-x}{3}$ (時間)
峠からB町までにかかった時間は，
$x\div 4=\frac{x}{4}$ (時間)

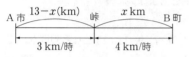

A市からB町までにかかった時間は，
$3+\frac{40}{60}=3+\frac{2}{3}=\frac{11}{3}$ (時間)
よって，$\frac{13-x}{3}+\frac{x}{4}=\frac{11}{3}$
両辺に12をかけて，
$4(13-x)+3x=44$
$52-4x+3x=44$
$-x=-8$
$x=8$　　　　　　　　　　**答** 8 km

2

蒸発させる水の量を x g とする。

	5％の食塩水	水を蒸発	できた食塩水
食塩水の量(g)	500	$-x$	$500-x$
食塩の量(g)	$500\times\frac{5}{100}=25$	0	25（変化なし）

水を蒸発させてできた食塩水は濃度が8％なので，
$\frac{25}{500-x}\times 100=8$
$25\times 100=8(500-x)$
$2500=4000-8x$
$8x=1500$
$x=187.5$ (g)　　**答** 187.5 g

●●●チャレンジ問題●●●──SPI濃度算

	10％の食塩水	水	混ぜてできた食塩水
食塩水の量(g)	200	300	500
食塩の量(g)	$200\times\frac{10}{100}=20$	0	20（変化なし）

混ぜてできた食塩水の濃度は，
$\frac{20}{500}\times 100=4(\%)$
となるので，正解はC。　　　　　　　　　　**答** C

18 さまざまな問題②

本冊 p.71〜p.73

● 確認問題 ● p.71

1

(1)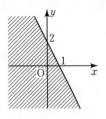

図の領域は，境界線が

直線 $y = \boxed{-2}^{ア} x + \boxed{2}^{イ}$ ……①

であり，①に対して $\boxed{下}^{ウ}$ 側である。

よって，$y \boxed{<}^{エ} -2x + \boxed{2}^{オ}$

(2)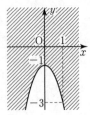

図の領域は，境界線が

放物線 $y = \boxed{-2}^{ア} x^2 - \boxed{1}^{イ}$ ……①

であり，①に対して $\boxed{上}^{ウ}$ 側である。

よって，$y \boxed{>}^{エ} -2x^2 - \boxed{1}^{オ}$

2

(1) 増え方が 1, 2, $\boxed{3}^{ア}$, $\boxed{4}^{イ}$, 5, 6, 7 となる規則なので，

$18 + \boxed{6}^{ウ} = \boxed{24}^{エ}$

(2) 分子は $\boxed{2}^{ア}$ 倍，分母は $\boxed{3}^{イ}$ 倍するという規則なので，

$\dfrac{2}{9} \times \dfrac{\boxed{2}^{ウ}}{\boxed{3}} = \dfrac{\boxed{4}^{エ}}{\boxed{27}}$

3

$\log_8 32 = x$ とおくと

$\boxed{32}^{ア} = \boxed{8}^{イ\,x}$

$2^{\boxed{5}^{ウ}} = (2^{\boxed{3}^{エ}})^x$

$2^{\boxed{5}^{オ}} = 2^{\boxed{3}^{カ}\,x}$

よって，$\boxed{5}^{キ} = \boxed{3}^{ク} x$ から $x = \dfrac{\boxed{5}^{ケ}}{3}$

したがって，$\log_8 32 = \dfrac{\boxed{5}^{コ}}{3}$

参照⇒本冊p.70 **3**

● 練習問題1 ● p.72

1

放物線 $y = -\dfrac{1}{4}x^2 + 2$ ……① と

直線 $y = \dfrac{1}{2}x$ ……② を境界線として，①より上側かつ②より下側の部分が求める領域である。

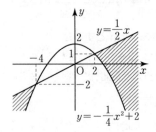

図の斜線部分。
ただし，境界線を含まない。 答

2

(1) 増え方が 3, 5, 7, 9, 11, 13 となる規則なので，
$15 + 9 = 24$ 答 **24**

(2) 3つずつ区切ると
1, 2, 3 | 2, 3, 4 | 3, 4, 5 となる規則なので，
2 となる。 答 **2**

3

$\log_8 16 = x$ とおくと
$16 = 8^x$
$2^4 = (2^3)^x$
$2^4 = 2^{3x}$

よって，$4 = 3x$ から，$x = \dfrac{4}{3}$

したがって，$\log_8 16 = \dfrac{4}{3}$ 答 $\dfrac{4}{3}$

4

$\log_2 6 - \log_2 \dfrac{3}{4}$

$= \log_2 \left(6 \div \dfrac{3}{4}\right)$

$= \log_2 \left(6 \times \dfrac{4}{3}\right)$

$= \log_2 8$

$= \log_2 2^3$

$= 3$ 答 **3**

●●●チャレンジ問題●●●　――SPI 不等式と領域

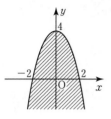

図の領域は，境界線が

放物線 $y=-x^2+4$ ……①

であり，①に対して下側である。

よって，$y<-x^2+4$

となるので，正解は E 。　　　　　　　答 E

● 練習問題 2 ●　　　　　　　　　p.73

[1]

(1)

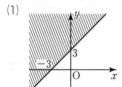

図の領域は，境界線が

直線 $y=x+3$ ……①

であり，①に対して上側である。

よって，$y>x+3$　　　　　答 $y>x+3$

(2)

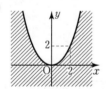

図の領域は，境界線が

放物線 $y=\dfrac{1}{2}x^2$ ……①

であり，①に対して下側である。

よって，$y<\dfrac{1}{2}x^2$　　　　答 $y<\dfrac{1}{2}x^2$

[2]

(1) 増え方が 4, 6, 8, 10 となる規則なので，

$4+4=8$　　　　　　　　　　　答 8

(2) 隣り合う 2 つの数をたすと次の数になる規則なので，

$3+5=8$　　　　　　　　　　　答 8

[3]

$\log_9 27=x$ とおくと

$27=9^x$

$3^3=(3^2)^x$

$3^3=3^{2x}$

よって，$3=2x$ から，$x=\dfrac{3}{2}$

したがって，$\log_9 27=\dfrac{3}{2}$　　　　答 $\dfrac{3}{2}$

[4]

$3\log_3 2-\log_3 24$

$=\log_3 2^3-\log_3 24$

$=\log_3 8-\log_3 24$

$=\log_3 \dfrac{8}{24}$

$=\log_3 \dfrac{1}{3}$

$=\log_3 3^{-1}$

$=-1$　　　　　　　　　　　　　答 -1

●●●チャレンジ問題●●●　――SPI 数列

1 枚のとき，テープの長さは $2\sqrt{2}$ cm であり，1 枚増えるごとに $\sqrt{2}$ cm ずつ長くなるので，100 枚用いるときのテープの長さは

$2\sqrt{2}+(100-1)\times\sqrt{2}$

$=2\sqrt{2}+99\sqrt{2}$

$=101\sqrt{2}$ (cm)

となるので，正解は B 。　　　　　　　答 B

★達成度確認テスト1　　本冊 p.74〜p.76

1

(1) $(10+20\div 5)-4^2\div 8$
 $=(10+20\div 5)-16\div 8$
 $=(10+4)-2$
 $=14-2$
 $=12$　　　　　　　　　　　　答 **12**

(2) $3\dfrac{2}{7}-1\dfrac{3}{5}$
 $=\dfrac{23}{7}-\dfrac{8}{5}$
 $=\dfrac{115}{35}-\dfrac{56}{35}$
 $=\dfrac{59}{35}=1\dfrac{24}{35}$　　　　　　答 $1\dfrac{24}{35}$

2

C町から通っている生徒の割合は，
　$100-(45+40)=15(\%)$
(基準とする量)＝(比較する量)÷(割合) より
この高校の生徒数は，$36\div 0.15=240$(人)
　　　　　　　　　　　　　　　　答 **240人**

3

(1) $3x^3\times(-2x)^2$
 $=3x^3\times(-2)^2\times x^2$
 $=(3\times 4)\times(x^3\times x^2)$
 $=12\times x^{3+2}$
 $=12x^5$　　　　　　　　　　　答 $12x^5$

(2) $\left(\dfrac{bc^2}{-2a}\right)^3$
 $=\dfrac{b^3\times(c^2)^3}{(-2)^3\times a^3}$
 $=\dfrac{b^3\times c^{2\times 3}}{-8\times a^3}$
 $=-\dfrac{b^3c^6}{8a^3}$　　　　　　答 $-\dfrac{b^3c^6}{8a^3}$

4

(1) $8x^2y^2+18xy^2$
 $=2xy^2\times 4x+2xy^2\times 9$
 $=2xy^2(4x+9)$　　　答 $2xy^2(4x+9)$

(2) $6x^2+x-2$

　$\begin{array}{ccc}2 & & -1 \longrightarrow -3\\ & \times & \\ 3 & & 2 \longrightarrow\ \underline{\ 4\ }(+\\ & & 1\end{array}$

よって，$6x^2+x-2=(2x-1)(3x+2)$
　　　　　　　　　　　答 $(2x-1)(3x+2)$

5

(1) $\dfrac{5}{3\sqrt{5}}$
 $=\dfrac{5\times\sqrt{5}}{3\sqrt{5}\times\sqrt{5}}$
 $=\dfrac{5\sqrt{5}}{3\times 5}$
 $=\dfrac{\sqrt{5}}{3}$　　　　　　　　　答 $\dfrac{\sqrt{5}}{3}$

(2) $\dfrac{4}{\sqrt{7}-\sqrt{5}}$
 $=\dfrac{4\times(\sqrt{7}+\sqrt{5})}{(\sqrt{7}-\sqrt{5})(\sqrt{7}+\sqrt{5})}$
 $=\dfrac{4\times(\sqrt{7}+\sqrt{5})}{(\sqrt{7})^2-(\sqrt{5})^2}$
 $=\dfrac{4\times(\sqrt{7}+\sqrt{5})}{7-5}$
 $=2(\sqrt{7}+\sqrt{5})$　　　答 $2(\sqrt{7}+\sqrt{5})$

6

(1) $2(x-3)+1=3x-7$
 $2x-6+1=3x-7$
 $-x=-2$
 $x=2$　　　　　　　　　答 $x=2$

(2) $\begin{cases}3x+y=9 & \cdots\cdots ①\\ 2x-3y=-5 & \cdots\cdots ②\end{cases}$

 ①×3 より
 　$9x+3y=27\ \cdots\cdots ③$
 ②＋③ より
 　$2x+9x=-5+27$
 　$11x=22$
 　$x=2\ \cdots\cdots ④$
 ④を①に代入して
 　$3\times 2+y=9$
 　$y=9-6$
 　$y=3$　　　　　　答 $x=2,\ y=3$

(3) $2x^2-x-4=0$
 $x=\dfrac{-(-1)\pm\sqrt{(-1)^2-4\times 2\times(-4)}}{2\times 2}$
 $=\dfrac{1\pm\sqrt{1+32}}{4}$
 $=\dfrac{1\pm\sqrt{33}}{4}$　　　　答 $x=\dfrac{1\pm\sqrt{33}}{4}$

(4) $\begin{cases}5x+3\leqq 18 & \cdots\cdots ①\\ 2x-8<5x-2 & \cdots\cdots ②\end{cases}$

①を解くと　　　②を解くと
$5x\leqq 18-3$　　$2x-5x<-2+8$
$5x\leqq 15$　　　　$-3x<6$
$x\leqq 3\ \cdots\cdots ③$　　$x>-2\ \cdots\cdots ④$

よって，③，④をともにみたす x の値の範囲は，
$-2 < x \leq 3$

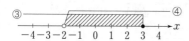

答 $-2 < x \leq 3$

7

$y = -x^2 - 3x + 6 \cdots$ ①　$y = 2x - 8 \cdots$ ②

①，②より
$-x^2 - 3x + 6 = 2x - 8$
$x^2 + 5x - 14 = 0$
$(x+7)(x-2) = 0$
$x = -7, 2$

$x = -7$ を②に代入すると
$y = 2 \times (-7) - 8 = -22$

$x = 2$ を②に代入すると
$y = 2 \times 2 - 8 = -4$

よって，交点の座標は，
$(-7, -22), (2, -4)$

答 $(-7, -22), (2, -4)$

8

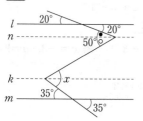

l と m に平行な直線 n と k をひくと，対頂角と錯角から
●＝20° なので
○＝50°－20°
　＝30°
よって，∠x＝30°＋35°＝**65°**　　答 **65°**

9

母線の長さを x cm とすると
$x^2 = 3^2 + 4^2$
$x^2 = 9 + 16$
$x^2 = 25$
$x > 0$ なので，$x = 5$ (cm)

体積は，
$(\pi \times 4^2) \times 3 \times \dfrac{1}{3} = \mathbf{16\pi}$ (**cm³**)

表面積は，
底面積　$\pi \times 4^2 = 16\pi$ (cm²)

側面積　$\pi \times 5^2 \times \dfrac{2\pi \times 4}{2\pi \times 5} = 20\pi$ (cm²)　より
$16\pi + 20\pi = \mathbf{36\pi}$ (**cm²**)

答 体積　$\mathbf{16\pi}$ **cm³**，表面積　$\mathbf{36\pi}$ **cm²**

10

$\sin 120° = \sin(180° - 60°) = \sin 60°$
$\cos 150° = \cos(180° - 30°) = -\cos 30°$

よって，
$\sin 120° - \cos 150° - \tan 60°$
$= \sin 60° - (-\cos 30°) - \tan 60°$
$= \dfrac{\sqrt{3}}{2} - \left(-\dfrac{\sqrt{3}}{2}\right) - \sqrt{3} = 0$　　答 **0**

11

(1) 異なる 8 個のものから 3 個取る順列の総数だから，$_8\mathrm{P}_3 = 8 \times 7 \times 6 = \mathbf{336}$ (個)

答 **336 個**

(2) 合計 8 個の玉の中から 2 個の玉を取り出す組合せの総数は，$_8\mathrm{C}_2 = \dfrac{8 \times 7}{2 \times 1} = 28$ (通り)

このうち，白玉 3 個の中から 2 個取り出す組合せの総数は，$_3\mathrm{C}_2 = \dfrac{3 \times 2}{2 \times 1} = 3$ (通り)

よって，求める確率は $\dfrac{3}{28}$　　答 $\dfrac{\mathbf{3}}{\mathbf{28}}$

12

走った距離を x m とすると，歩いた距離は $1800 - x$ (m) となる。

歩いた時間は，$\dfrac{1800 - x}{60}$ (分)

走った時間は，$\dfrac{x}{110}$ (分)

よって，$\dfrac{1800 - x}{60} + \dfrac{x}{110} = 25$

両辺に 660 をかけて
$11(1800 - x) + 6x = 16500$
$19800 - 11x + 6x = 16500$
$-5x = -3300$
$x = \mathbf{660}$ (**m**)　　答 **660 m**

★ 達成度確認テスト2　本冊 p.77〜p.79

1

(1) $\{24 \div (15-3^2)+16\} \div (-2)^2$
$= \{24 \div (15-9)+16\} \div 4$
$= (24 \div 6+16) \div 4$
$= (4+16) \div 4$
$= 20 \div 4 = 5$　　　　答 5

(2) 　　6.15
　　$-$ 2.768
　　　3.382　　　　答 3.382

2

昨年度の部員数を1とする。
今年度の部員数の昨年度の部員数に対する割合は，
$1+0.05=1.05$
よって，昨年度の部員数は，
$63 \div 1.05 = 60$（人）　　　答 60人

3

(1) $(x-6)(x+8)$
$= x^2+\{(-6)+8\}x+(-6)\times 8$
$= x^2+2x-48$　　　答 $x^2+2x-48$

(2) $(3x+2)^2$
$= (3x)^2+2\times(3x)\times 2+2^2$
$= 9x^2+12x+4$　　　答 $9x^2+12x+4$

4

(1) $9x^2-64$
$= (3x)^2-8^2$
$= (3x+8)(3x-8)$　　　答 $(3x+8)(3x-8)$

(2) $4x^2+5x-6$

　1　　　2　→　　8
　4　　-3　→　-3　(+
　　　　　　　　　5

よって，$4x^2+5x-6 = (x+2)(4x-3)$
　　　　　　　　　　答 $(x+2)(4x-3)$

5

(1) $\dfrac{5}{2\sqrt{5}}$
$= \dfrac{5 \times \sqrt{5}}{2\sqrt{5} \times \sqrt{5}}$
$= \dfrac{5\sqrt{5}}{2 \times 5}$
$= \dfrac{\sqrt{5}}{2}$　　　答 $\dfrac{\sqrt{5}}{2}$

(2) $\dfrac{2+\sqrt{3}}{2-\sqrt{3}}$
$= \dfrac{(2+\sqrt{3})^2}{(2-\sqrt{3})(2+\sqrt{3})}$
$= \dfrac{2^2+2\times 2\times \sqrt{3}+(\sqrt{3})^2}{2^2-(\sqrt{3})^2}$
$= \dfrac{4+4\sqrt{3}+3}{4-3}$
$= 7+4\sqrt{3}$　　　答 $7+4\sqrt{3}$

6

(1) $4x-3 = 2(3x+1)+5$
$4x-3 = 6x+2+5$
$-2x = 10$
$x = -5$　　　答 $x=-5$

(2) $\begin{cases} 2x = -4y+2 & \cdots\cdots ① \\ 3x+5y = 1 & \cdots\cdots ② \end{cases}$
①$\div 2$ より
$x = -2y+1$ ……③
③を②に代入すると，
$3(-2y+1)+5y = 1$
$-6y+3+5y = 1$
$-y = -2$
$y = 2$ ……④
④を③に代入すると，
$x = -2\times 2+1 = -3$　　　答 $x=-3, y=2$

(3) $3x^2+7x+3 = 0$
$x = \dfrac{-7 \pm \sqrt{7^2-4\times 3\times 3}}{2\times 3}$
$= \dfrac{-7 \pm \sqrt{49-36}}{6}$
$= \dfrac{-7 \pm \sqrt{13}}{6}$　　　答 $x = \dfrac{-7 \pm \sqrt{13}}{6}$

(4) $-x^2-5x+36 < 0$
$x^2+5x-36 > 0$
2次方程式 $x^2+5x-36 = 0$ の解は
$(x+9)(x-4) = 0$ から，$x = -9, 4$
よって，求める不等式の解は
$x < -9, 4 < x$　　　答 $x < -9, 4 < x$

7

$y = -x^2$ のグラフを頂点が (p, q) となるように平行移動したものは，
$y = -(x-p)^2+q$ と表せる。
頂点が点 $(2, -6)$ なので，$p=2, q=-6$
したがって，$y = -(x-2)^2-6$
　　　　　　　　答 $y = -(x-2)^2-6$

8

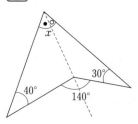

図のように補助線を引くと三角形の外角の性質から
(●+40°)+(○+30°)=140°
(●+○)+70°=140°
∠x+70°=140°
∠x=70°   答 **70°**

9
半径 16 cm のおうぎ形の面積は，
$\pi \times 16^2 \times \dfrac{1}{6} = \dfrac{128}{3}\pi \, (\text{cm}^2)$

半径 6 cm のおうぎ形の面積は，
$\pi \times 6^2 \times \dfrac{1}{6} = 6\pi \, (\text{cm}^2)$

よって，求める面積は，
$\dfrac{128}{3}\pi - 6\pi = \dfrac{110}{3}\pi \, (\text{cm}^2)$ 答 $\dfrac{110}{3}\pi \, \text{cm}^2$

10
$\sin 160° = \sin(180°-20°) = \sin 20°$
$\cos 70° = \cos(90°-20°) = \sin 20°$
$\tan 45° = 1$ から
$\sin 160° - \cos 70° - \tan 45°$
$= \sin 20° - \sin 20° - 1 = -1$ 答 **−1**

11
(1) 異なる4個のものから4個取る順列の総数だから，4! = 4×3×2×1 = **24(通り)**   答 **24 通り**

(2) 2個のさいころの目の出方は，全部で
6×6 = 36(通り)
このうち，目の差が3になるのは
(1, 4), (4, 1), (2, 5), (5, 2), (3, 6), (6, 3) の 6 通りである。
よって，求める確率は $\dfrac{6}{36} = \dfrac{1}{6}$ 答 $\dfrac{1}{6}$

12
14 %の食塩水を x g とする。

	14 %の食塩水	6 %の食塩水	混ぜてできた食塩水
食塩水の量(g)	x	$100-x$	100
食塩の量(g)	$\dfrac{14}{100}x$	$\dfrac{6}{100}(100-x)$	$\dfrac{14}{100}x + \dfrac{6}{100}(100-x)$

混ぜてできた食塩水の濃度が8 %なので，
$\dfrac{14}{100}x + \dfrac{6}{100}(100-x) = 100 \times \dfrac{8}{100}$

両辺に 100 をかけて
$14x + 600 - 6x = 800$
$8x = 200$
$x = \mathbf{25 (g)}$

このとき，6 %の食塩水の量は，
$100 - 25 = \mathbf{75 (g)}$

答 14 %の食塩水 **25 g**，6 %の食塩水 **75 g**